CONTENTS

gallery

图书在版编目 (CIP) 数据

Gallery － 全球最佳图形设计. 第六辑

美国 Choi's Gallery编；奇力工作室译.

－南宁：广西美术出版社，2010.5

ISBN 978-7-80746-956-8

I.G… II.①美…②奇… III.平面设计－作品集－世界－现代 IV.J534

中国版本图书馆CIP数据核字（2010）第054325号

全球最佳图形设计　第六辑
Quan Qiu Zui Jia Tu Xing She Ji　Di Liu Ji

原版书名：Gallery-the world's best graphics vol. 06

原作者名：Choi's Gallery

原出版号：ISBN 978-0-984 2257-4-3 / 0-984 2257-4-9

©Copyright Choi's Gallery 2010

本书经 Choi's Gallery 出版公司授权，

由广西美术出版社出版。

版权所有，侵权必究。

编者：Choi's Gallery

译者：奇力工作室

图书策划：张东

策划编辑：陈先卓

责任编辑：陈先卓

英文编辑：韦丽华

责任校对：尚永红 陈小英

审读：林柳源

装帧设计：奇力工作室

出版人：蓝小星

终审：黄宗湖

出版发行：广西美术出版社有限公司

地址：南宁市望园路9路

邮编：530022

网址：www.gxfinearts.com

印刷：深圳市精彩印联合印务有限公司

版次：2010年5月第1版第1次印刷

开本：889mm x 1194mm 1/16

印张：14

书号：ISBN 978-7-80746-956-8 / J·1202

定价：180.00元

作品信息英汉参照

Client-客户

Studio-设计工作室

Creative Director-创意总监

Art Director-艺术指导

Tutor-导师

Copywriter-文案

Designer-设计师

Photographer-摄影师

Illustrator-插画师

Country-国家

Region-地区

Kili Studio　奇力工作室

info@choisgallery.com / 电话：021-63080543

古典文学普及读物系列封面

这是为古典文学系列藏书设计的封面。

三本书的封面并列组成了一幅新的插图。

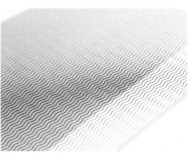

// Client_Riurau editors
// Studio_David Torrents
// Creative Director/Designer_David Torrents
// Illustrator_Pere Ginard
// Country_Spain

我 他人

Yo Y El Otro. Retratos En La Fotografía India Contemporanea
（西班牙语：自我与他人——当代印度肖像摄影）一书由巴塞罗那市议会、*Artium* 中心的 *Vasco* 当代艺术馆和 *Lunwerg* 共同出版。此书汇集了 *16* 位印度摄影师的肖像作品或自拍像。为避免仅对某位艺术家的偏爱而对其他艺术家不公，而采用纯字体的封面设计：黑色 *Futura* 字体，灰白背景，占据整个封面居中且出血的标题。封面从冲压的「自我」和「他人」概念开始。在弗洛伊德意识层面，我们试图表达有意识和无意识与肖像和自拍像之间的某种关联。「自我」与「他人」不是割裂关系，他们是一体的，相互依存。因此，我们把 *Otro*（他人）这个词冲压于 *Yo Y El*（自我和）这几个印刷字体上面，透出惹眼的橘红底色——典型的印度色彩。与橘色相较，封面上其他颜色就显得含蓄暗淡，这让人们产生好好读一下的欲望；事实上这样的印刷有点模糊不清，因为是一个词印在其他词上；但橘色和冲印使得这些文字清晰可辨，就像「自我」与「他人」、摄影师与模特之间的关系一样，既含糊又清晰。

// Clients_Ayuntamiento De Barcelona/Artum/Lunwerg
// Designer_Ena Cardenal De La Nuez
// Preprint_Cromotex
// Printer_Lunwerg
// Country_Spain

BFF 年鉴

在自由摄影师协会成立40周年之际，协会需要一个独一无二的封面以配年鉴。最终的成品让人眼前一亮：一本有著700多个页面的大部头，装在精致的书函里。这个书函就像早期摄影冲洗照片的暗房，吸引人们一试身手。特殊印刷工艺的应用，如浮凸印刷、箔压花和书函与封面的压花，令第40届自由摄影师协会年鉴无疑成为40年来出版的最不寻常的年鉴。

// Client_BFF
// Studio_Strichpunkt GmbH
// Creative Director_Kirsten Dietz
// Art Director_Kirsten Dietz
// Designers_Kirsten Dietz, Susanne Hoerner
// Country_Germany

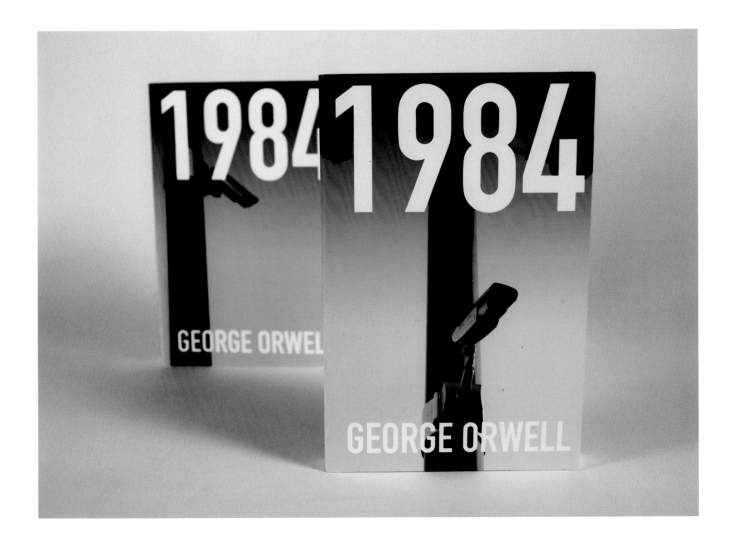

1984

为*George Orwell*的反乌托邦小说所做的封面设计。

// Designer_Colin Dunn
// Photographer_Colin Dunn
// Country_USA

Tyre Fitting 台历

Dalnoboy 公司（长途卡车）有著在独联体国家覆盖面积最广的货车轮胎服务网。Dalnoboy 公司的主要目标旨在提高轮胎的运转性能。因此，Dalnoboy 公司一直探究怎样才能让轮胎更持久耐用。这个想法启发我们制作一本持久耐用的「轮胎维修日历」。

柏油路面肌理的盒子里有一个信封和各种配件，信封上详细说明了如何组装、使用日历，如何维修轮胎及售后服务条款。日历使用方便，无须费神，全互动式设计。每天，你只需移掉日历上的一个轮胎；每个月你只需在适当的月份前做上标记就可以了。工具箱里还有一个备用轮胎，以便取代丢失的「日子」。使用手册上印有 Dalnoboy 公司客户售后服务电话。除了一般的服务，Dalnoboy 公司还提供组装和使用咨询以及为丢失零件的订购服务。

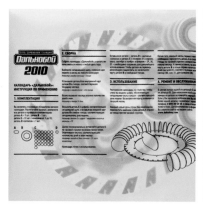

// Client_Dalnoboy
// Studio_Graphic Design Studio
　　　By Yurko Gutsulyak
// Art Director/Designer_Yurko Gutsulyak
// Country_Ukraine

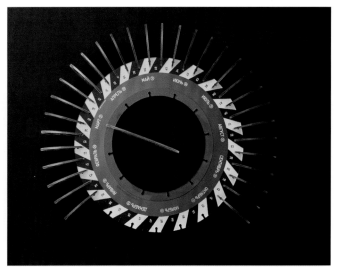

CHEESE 2010 年挂历

这是为*Ebert*传媒集团所做的全新企业形象设计。

这个形象既要传承集团150年历史又要体现现代公司理念。

设计公司*Strichpunkt*和管理部门共同开发制定新的企业机构、名称和形象。企业设计有精准的定位和用途广泛的不同字体。*2010*年日历不仅展现了公司另一个传统产业，即奶酪生产，并通过*Eberl*优质印刷在*24*页的日历上传达出来。这有一箭三雕的好处：*chEEsE*这个词有*3*个*E*，分别代表*Eberl Media, Eberl Print*和*Eberl Online*！

// Client_Eberl Medien
// Studio_Strichpunkt GmbH
// Creative Directors_Kirsten Dietz, Jochen Raedeker
// Art Director_Julia Ochsenhirt
// Designer_Agnetha Wohlert
// Country_Germany

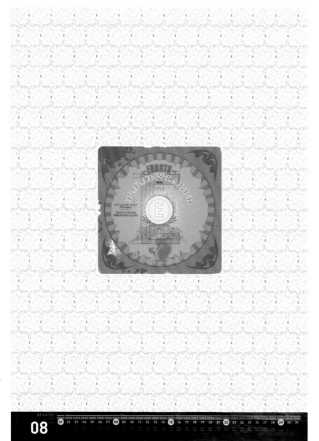

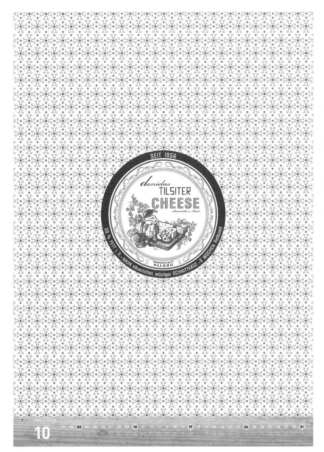

Think Big!
2010

Scheufelen
PREMIUM WHITE SINCE 1855

雄心勃勃(Think Big)!

这是为*Papierfabrik Scheufelen*股份公司设计的*2010*
年挂历，旨在为品牌与艺术之间搭一座桥梁。
「成功的商业是最好的艺术」，与*Andy Warhol*的
理念完全一致，*Strichpunkt*的设计师们认为，如果
仔细研究两者，品牌和艺术之间其实并没有区别。
相反，这些抽象艺术作品只不过是放大的国际品牌
的细节。该日历证明，没有比成功更美的事了——
特别是在*Scheufelen*品牌宣传品上。

// Client_Papierfabrik Scheufelen
// Studio_Strichpunkt GmbH
// Creative Director_Jochen Raedeker
// Art Director_Julia Ochsenhirt
// Country_Germany

THINK BIG!

Grosse Marken kommen gross raus.

/ Major brands write big.

Große Marken sind oft auch in ihren kleinsten Details unverkennbar. Erkennen Sie, was zusammen gehört?
Unser Markenquartett hilft Ihnen dabei. Für den großen Auftritt großer Marken tun wir alles: Wir sorgen mit unseren Premiumpapieren für die optimale Grundlage.
Sehen. Fühlen. Spielen. Scheufelen ist Ihr Joker. Viel Spass!
Major brands are often unmistakable even in their tiniest details. Can you match the images?
Our brand quartet will help you. We do everything we can to ensure that major brands enjoy major images: our premium papers create the optimum
white background. See. Feel. Play. Scheufelen is your joker. Have Fun!

MSF 2010 台历

该日历（A6 格式）用插图形式表现6 种
被忽视的疾病：黑热病、结核病、疟疾、
锥虫病、昏睡病和儿童艾滋病。由数百万
人付出生命而研究得来的治疗方法却只用
于商业途径。多年来，MSF 无国界医生组
织一直谴责这种现状，他们率先支持为被
忽视疾病研发更新及更为有效的药物；并
且，他们希望通过这一项目，获得最好的
诊断与治疗方法。

Hay más de dos millones de niños con VIH en el mundo. El 90% de ellos, en África subsahariana. La mitad de los niños que nacen con VIH mueren antes de cumplir los 2 años por no recibir el tratamiento a tiempo. Sólo el 38% de los niños que lo necesitan lo reciben y apenas hay formulaciones pediátricas de los medicamentos existentes.

There are more than two million children in the world with HIV, 90% of them are in sub-Saharan Africa. Half of children who are born with HIV die before they reach the age of two because they do not receive treatment in time. Only 38% of children who need treatment get it and there are hardly any paediatric formulations of existing medicines.

El kala azar (leishmaniasis visceral), que en hindi significa 'fiebre negra', es letal si no se trata. Afecta a dos millones de personas en el mundo y mata 60.000 cada año. La mayoría de casos se concentra en el norte de India.

Kala azar (visceral leishmaniasis), which is Hindi for black fever, is fatal if not treated. It affects two million people around the world and kills 60,000 every year. The majority of cases are found in northern India.

La malaria o paludismo es la mayor causa de muerte infantil en el mundo. Afecta a la mitad de la población mundial, con 247 millones de casos y casi 900.000 muertes al año. De ellas, el 91% se registra en África subsahariana y el 85% corresponde a menores de 5 años.

Malaria is the principal cause of infant mortality in the world. It affects half of the world population, with 247 million cases, and it causes 900,000 deaths a year; 91% being in sub-saharan Africa and 85% infants under five.

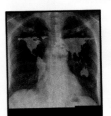

Más de 1,7 millones de personas mueren de tuberculosis cada año en el mundo. Es la primera causa de mortalidad en pacientes de sida, que la contraen como infección oportunista. Se estima que crece a un ritmo de 9 millones de casos anuales y que 2.000 millones de personas, un tercio de la población mundial, están infectadas.

More than 1.7 million people around the world die from tuberculosis every year. It is the leading cause of mortality among Aids patients, who contract it as an opportunistic infection. It is estimated that cases are rising by 9 million a year and that 2,000 million people, a third of the global population, are infected.

Chagas disease, transmitted by an insect known as "vinchuca", is very common in the poorest rural areas of Latin America. Endemic and deadly, causes 14,000 deaths annually and affects 10-15 million people. The majority do not know they are infected.

La tripanosomiasis humana africana o enfermedad del sueño está presente en 36 países de África subsahariana. La transmite la mosca tsé-tsé y cada año mueren por su causa unas 50.000 personas.

Human African Trypanosomiasis or sleeping sickness is found in 36 countries in sub-Saharan Africa. It is transmitted by the tsetse fly and every year it is responsible for the deaths of 50,000 people.

// Client_Médecins Sans Frontières (Spain)
// Studio_Estudio Diego Feijóo
// Creative Director/Designer_Diego Feijóo
// Executive production_Carmen Vicente
// Country_Spain

巴塞罗那设计中心

巴塞罗那设计中心致力于普及设计常识、扩大设计范围和有效利用设计。作为新中心，巴塞罗那设计中心在操作系统方面已经超越其自身的物理空间，连接了设计领域所有的策划者、创作者和使用者。

我们制定了长远战略，并开发出创造性的概念：连接。连接不仅体现了其作为设计中心的价值，同时也没丢失复杂性和网络的成长性。作为视觉识别系统的一部分，我们制定口号系统，这样就可以解释任何需要说明的问题。

巴塞罗那设计中心让巴塞罗那与世界紧密相连。从过去到现在，从*Ms. Smith* 到*Tibor Kalman*, *Frank Ghery* 或*Yves Saint Laurent*，繁复简洁交融并存。

// Client_Design Hub Barcelona – Ajuntament de Barcelona
// Studio_LaGasulla
// Creative Directors_LaGasulla, Soon in Tokyo
// Country_Spain
// Link_Identity, P42-45

第 52 届格莱美奖
——我们都是歌迷

// Client_Grammy
// Studio_TBWA\Chiat\Day Los Angeles
// Chief Creative Officer_Rob Schwartz
// Executive Creative Director_Patrick O'Neill
// Creative Directors_Bob Rayburn, Patrick Condo
// Associate Creative Director_Ed Mun
// Art Director_Kirk Williams
// Copy Writer_Eric Haugen
// Country_USA
// Link_Website, P222-223

Corrado 字体海报——立即入睡

这项活动的目的为了体现Corrado床垫是如何难以抗拒。一旦我们躺上去，甚至来不及说一句话，就已经进入梦乡。

尽管我们只剩下几天时间来完成，但我们仍然决定继续完善概念，而不使用任何由电脑绘制的图形。我们希望使用实物、综合材料和摄影来工作。这是我们和 Saatchi & Saatchi 米兰一起确定的方式。

// Client_Corrado Mattresses
// Studio_Happycentro
// Creative Directors_Guido Cornara, Agostino Toscana (Saatchi & Saatchi, Milan, Italy)
// Art Director/Copywriter_Luca Pannese (Saatchi & Saatchi, Milan, Italy)
// Designers_Federico Galvani, Andrea Manzati
// Photographer_Federico Padovani
// Art buyer_Rossana Coruzzi
// Pillow Designer_Annamaria Gastaldelli
// Digital Artist_Marco Oliosi
// Country_Italy

班德拉兄弟公司名片

班德拉兄弟（*Bandera Brothers*）是一家位于圣地亚哥和洛杉矶的电影制作公司。名片的设计传达了可靠、值得信赖和冷静的形象。

// Client_Bandera Brothers
// Studio_Grafikart
// Creative Director/Art Director/Designer_Edward Pearson
// Photographer_Philippe Desrrouelles
// Country_Chile

设计师 *Fabien Barral* 的名片

这是我自己的名片。

虽然我有标识，但我还是想用名片来显示更多信息。名片不仅要有自我介绍、宣传我所提供的服务等功能，最重要的是表达「很高兴认识你」这样友好的问候。

凸版印刷能最好表达设计灵感——湖水的涟漪。我要传达的信息是，无论我们做什么，所产生的影响都要超越它最开始的行动。对我而言，这一设计体现了三点：创新、情感和灵感。

// Client_Fabien Barral
// Designer_Fabien Barral
// Country_France

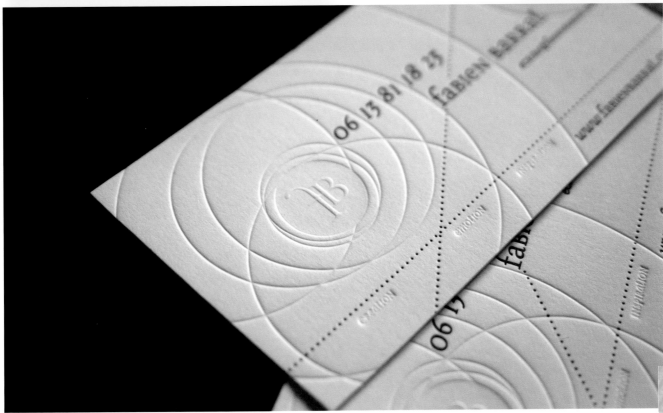

得分！

一对非凡的体育界情侣需要婚礼
请柬。这儿展示的就是我们设计
的请柬！

// Client_Arvids & Marija
// Studio_Hungry lab
// Creative Director
 /Art Director/Copywriter
 /Designer_Monika Gruzite
// Country_Latvia

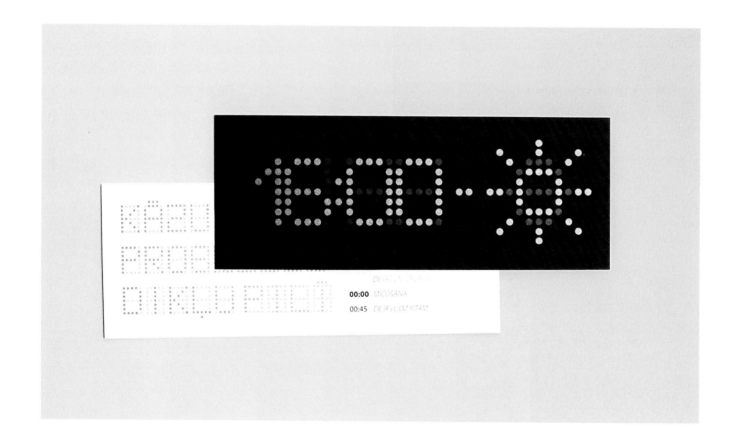

00:00 MICOSANA
00:45 DEJAS LIDZ RITAM

Zoo 设计工作室名片

名片采用绿色半透明丙烯酸材质，丝网印制而成。

// Client_Zoo Studio
// Studio_Zoo Studio
// Creative Director_Gerard Calm
// Designer_Blai Pratdesaba
// Country_Spain

新年贺卡

闪光金色烫印。

// Client_Ms2
// Studio_3group
// Art Director/Designer_Ryszard Bienert
// Country_Poland

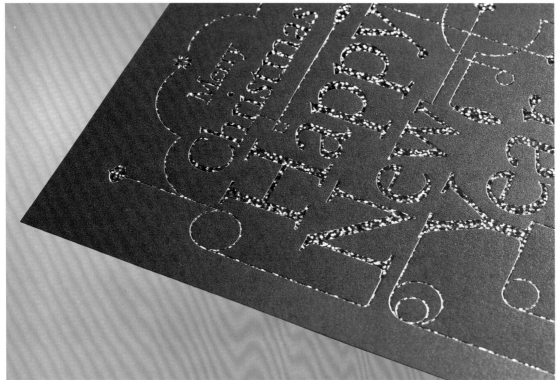

下一次卡

在忘记对你关心（或不关心）的人做或说某事的时候，使用「下一次卡」非常方便。例如：「下一次，我保证一定拥抱你两次（并倒垃圾）。」文字和图案都由黑色墨水笔手工绘作。

// Designer_Moa K. Nordahl
// Country_Norway

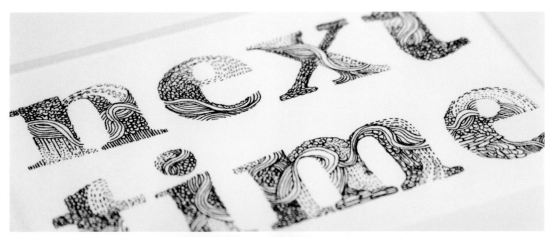

Billie the Vision & the Dancers 音乐会

2009 年终，大部分人（如果不是所有的人）都已意识到此刻正是庆祝圣诞节的时候。节日期间，大家分享关爱、家人相聚、尽享美食与互赠礼物。遗憾的是，再多的食物或派对也不能让所有人都感受到爱，所以，我们决定送个小小礼物，以示关爱。正如你所看到的，这不是那种能让你在熊熊炉火前惊喜的礼物。它非常私人化，在一定程度上总结了过去一年我们是怎样度过的。过去的 365 天对于

Villarrosas 来说比较艰辛，但我们也有一些美好的时光。如果你还没有听说过这些好事，那我就来告诉你：我们和一家瑞典乐团（Billie the Vision & the Dancers）合作，Otrascosas de Villarrosas 也在这一年成立。因此，你即将能欣赏到 Billie the Vision 在 Otrascosas 举行的音乐会。

// Client_Villarrosàs
// Studio_Villarrosàs
// Creative Director_Oriol Villar
// Designers_Sebastian Sattler, Marc Morro
// Country_Spain

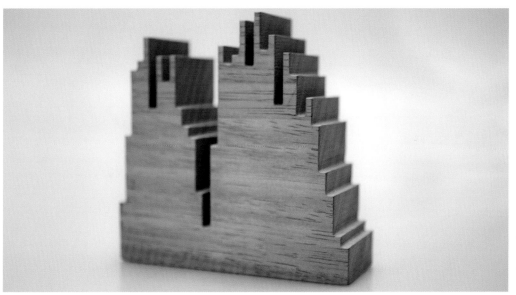

圣诞快乐!

我们想祝我们所有的朋友和客户圣诞快乐，一切顺利；大声地并拖著长长尾音地说一句「Bon Nadal!」，意思是「圣诞快乐」。因此，我们决定将「Bon Nadal!」变成一个实体，经过时间的流逝，这一句「圣诞快乐」还能留驻耳畔。为此，我们整个机构所有同仁盛装打扮，再配管弦乐队指挥和专业的音响设备，以合唱团的方式录制了我们的「Bon Nadal!」。我们将这些音波简化、量化，得到一个三维图像，接著，把图像雕刻在木头上当作为圣诞礼物送出，借此传达我们的祝福。

// Client_Villarrosàs
// Studio_Villarrosàs
// Creative Director_Oriol Villar
// Designers_Sebastian Sattler, Marc Morro
// Country_Spain

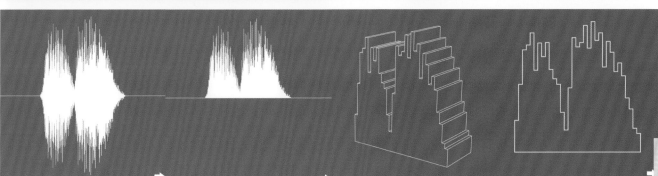

It's Our Thing —
DJ Seep in '2079'

本专辑是著名的*DJ Seep* 的作品，他是巴黎最神秘的*DJ*之一。他糅合现代与当代的流行元素，创造出一张让人无法抗拒的音乐专辑。这张专辑如此杰出，同时具备过去、现代和未来的特质。封套设计特点是：真空制造塑料包装，背面加纸密封，刻有*Seep* 名字和专辑名「*2079*」的塑料吊牌。

// Client_It's Our Thing
// Studio_PMKFA
// Country_Japan

Olga Kouklak

这是为希腊流行电子音乐艺术家*Olga Kouklaki* 设计的唱片封套。

// Client_Olga Kouklaki
// Studio_Design Park
// Creative Director/Photographer_Antonis Lourantos
// Country_Greece

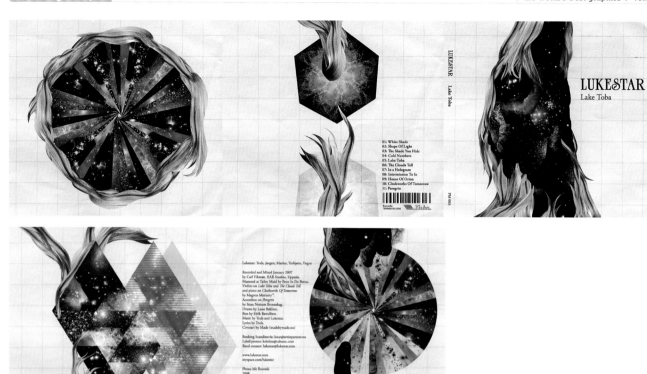

Lukestar - Lake Toba

// Client_Lukestar
// Studio_Snasen
// Creative Director_Robin Snasen Rengård
// Designer_Robin Snasen Rengård
// Illustrator_Robin Snasen Rengård
// Photographer_Robin Snasen Rengård
// Country_Norway

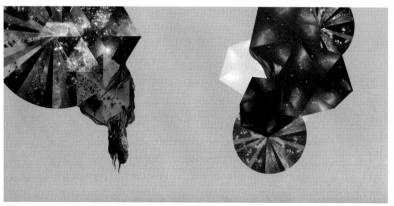

Rumble in Rhodos

// Client_Black Balloon
// Studio_Snasen
// Creative Director_Robin Snasen Rengård
// Designer_Robin Snasen Rengård
// Illustrator_Robin Snasen Rengård
// Photographer_Robin Snasen Rengård
// Country_Norway

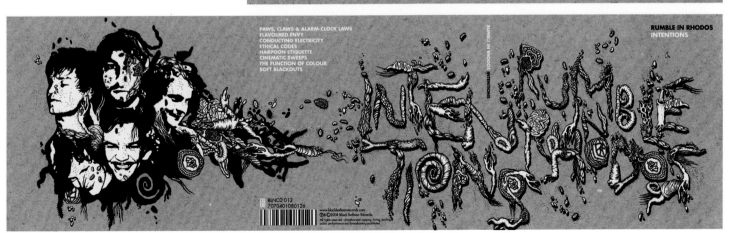

连接香港

这是*Marc & Chantal Design* 为*2010* 年上海世博会城市最佳实践区（*UBPA*）香港馆所做的创意概念。

// Client_UBPA Team
// Studio_Marc & Chantal Design
// Region_Hong Kong

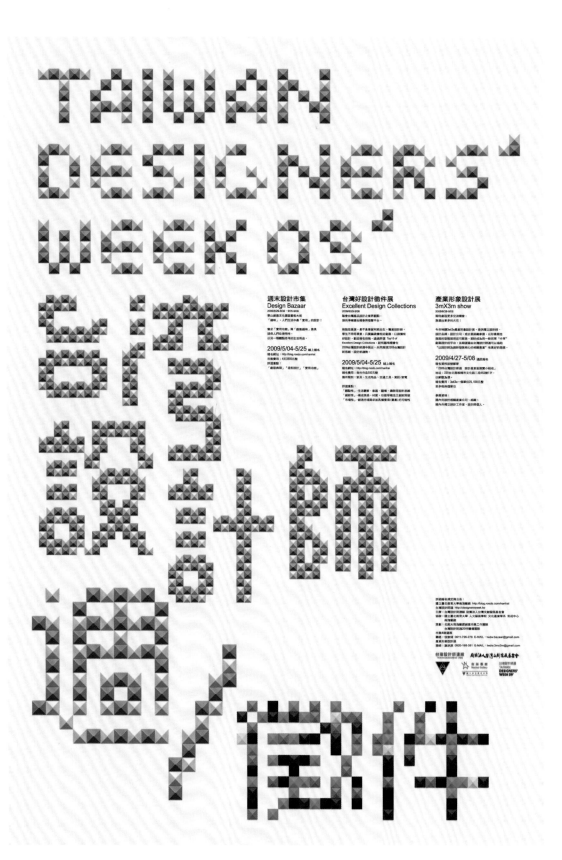

// Client_Taiwan Designers' Web
// Studio_Ken-tsai Lee Design Studio
// Creative Director/Copywriter_Ken-tsai Lee
// Art Directors/Designers_Ken-tsai lee, David Weng
// Region_Taiwan

Sponsor Zone /
設計產業展區

Excellent Design Collection /

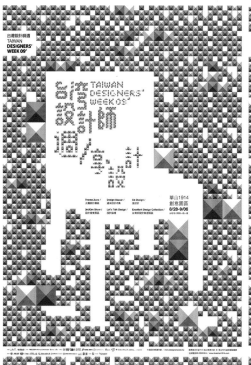

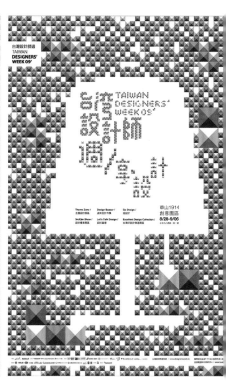

The Blok + Toxico 电影项目

这是 **Blok Design** 与 Toxico 合作的电影项目。该项目是墨西哥独立文化项目，目的是给予面临持续和完成各自挑战的独立电影制作人以支持。就这一问题，我们设计的形象识别系统传达了资源灵活使用和创造性风险——尤其是通过大胆使用现有材料。标识套印在几乎所有可利用的纸片、剩余物或短期使用品上，生活当中处处都有这些材料。甚至于，我们甚至把旧唱片裁剪成明信片。

// Client_The Blok + Toxico Film Project
// Studio_Blok Design
// Creative Director_Vanessa Eckstein
// Designers_Vanessa Eckstein, Patricia Kleeberg
// Country_Mexico

Coolera

Coolera

这是为鸡尾酒吧Colera设计的标识。该酒吧开在位于西班牙加泰罗尼亚北部海岸的Colera地区，强风是这一地区的气候特点。

// Client_Núria Surribas
// Studio_Estudio Diego Feijóo
// Creative Director/Designer_Diego Feijóo
// Naming_Xavier Grau
// Country_Spain

巴塞罗那设计中心

巴塞罗那设计中心*Design Hub Barcelona* 视觉识别系统是
开放式的，该系统具有三个特点：网格、一些结构元素
和等距角度字体。这三个元素可以无限任意组合出*DHUB*
识别系统所需的许多不同出图形。因此，这不仅仅是一
个标识而是个视觉识别系统，该系统展示了*DHUB* 作为
设计中心的价值，它有收集、处理和分发设计信息、活
动和资源的作用。

// Client_Design Hub Barcelona – Ajuntament de Barcelona
// Studio_LaGasulla
// Art Directors_Anna Gasulla, Klas Ernflo
// Country_Spain
// Link_Campaign, P17

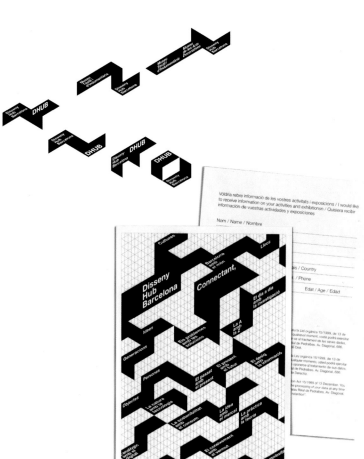

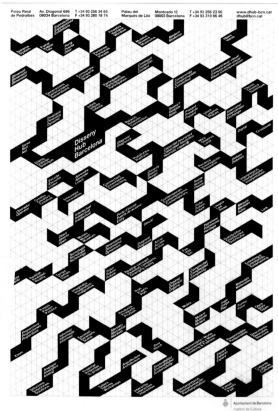

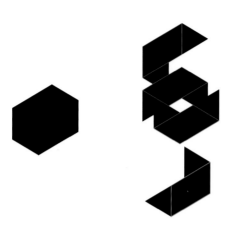

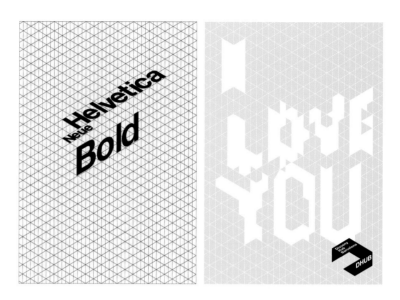

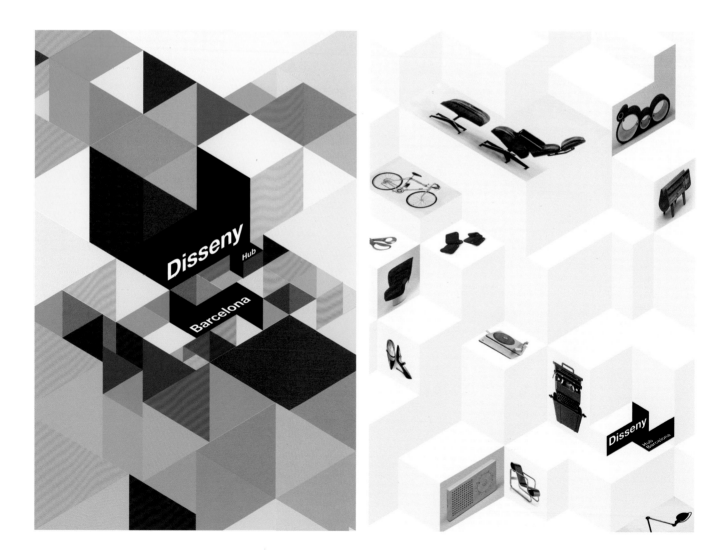

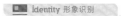

Creas 基金会

该基金会利用风险资金作为社会性投资，以确保
经济活力和社会影响力。

大写的字母「C」表现了逐步变化的色谱。

// Client_Fundación Creas
// Studio_Estudio Diego Feijóo
// Creative Director/Designer_Diego Feijóo
// Naming_Xavier Grau
// Consulting_Clic-Clac (Dolors Mañé, Viviana Urani)
// Country_Spain

Evolutiva

Evolutiva 是一家专业从事领导能力培训的公司。通过语言和隐喻的独特方法，以及与个人的多方面交流，来实现其培训目标。

我们将设计的文字海报作为一个「整体」，反映公司的价值观，及其信仰。

然后，从海报上剪下所有的名片，以强调各种元素，这些元素包括让人惊奇和突显出不同理念的战略性思想等等。

// Client_Evolutiva
// Studio_Blok Design
// Creative Director_Vanessa Eckstein
// Copywriter_Eric La Brecque
// Designers_Vanessa Eckstein, Patricia Kleeberg, Mariana Contegni
// Photographer_Georgina Reskala
// Country_Mexico

第六届ADC
台湾新锐设计师作品展

ADC 台湾新锐设计师作品展，展示了50位闯入决赛的年轻设计师的作品。我特地邀请插画家*Robert Lin* 绘制了50 个怪物来代表50 位年轻设计师。

// Client_Kun Shan University of Taiwan
// Studio_Ken-tsai Lee Design Studio
// Creative Director/Copywriter_Ken-tsai Lee
// Art Directors/Designers_Ken-tsai Lee, Cheng Chung-Yi
// Illustrator_Robert Lin
// Region_Taiwan
// Link_Poster, P162-165

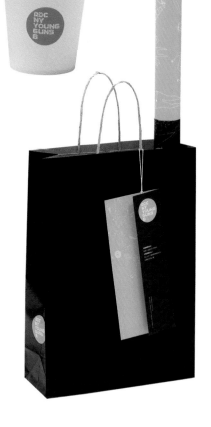

2009年纽约字体艺术指导俱乐部
台湾年度展

// Client_Taiwan ASIA University
// Studio_Ken-tsai Lee Design Studio
// Creative Director/Art Director/Copywriter/Designer_Ken-tsai Lee
// Region_Taiwan

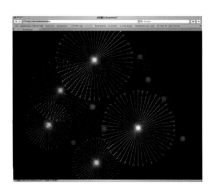

Andy Warhol 基金会

这是为Andy Warhol基金会创作的各种图形和
产品设计项目。

// Client_Andy Warhol Foundation
// Studio_Ptarmak, Inc.
// Art Director_Stuart Cameron
// Designer_Annie Mayfield
// Photographer_Walter Pieringer
// Country_USA

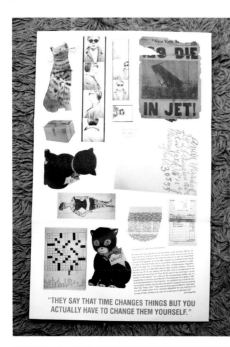

Welleseley 学院

Base 纽约工作室和著名的*Welleseley* 学院的合作重点是明确学校的组织构架和增强各部门之间的沟通。为了强调*Welleseley* 学院在培养女性领袖方面的声誉，*BaseLab* 特别设计了首字母「*W*」作为学院新标识，传达积极向上的精神，并用作学院名称代表学校。

由于「*Welleseley* 蓝」早已包括几种不同的蓝色，所以*Base* 纽约工作室选定了一个色卡号码，取代米色和黑色，用作第二色板。长远来说，这样一来「*Welleseley* 蓝」色彩系列更丰富。为了彰显*Welleseley* 学院丰富的文化遗产，*Base* 选取在任何字体大小下都易于阅读的经典饰线体*Garamond Pro*，并用具有现代感的无饰线体*Swiss 721* 与之搭配。学院跟从的这种古典与现代结合的艺术方向，将渗入*Welleseley* 学院的各个方面——从教师和学生到学术和社会生活，波及校园内外。

独特的网格系统创造出可识别的图形，使学院的各种资料能方便设置页眉或页脚。为了避免与图形冲突，这个「中心」轴可以左右移动，或者向下拉动以便于在合适的位置自由插入图像。这种微型网格框栏将信息圈入一个紧凑独特的方块中，即突出了形象，也强调了书面内容。

// Client_Wellesley College
// Studio_Base New York
// Country_USA

Canvas

Canvas 是一个令人兴奋的新项目，融合了手袋、摆件、设计和时尚元素。这一形象识别系统体现出具有和谐色彩的视觉语言。

// Client_Canvas
// Studio_POGO
// Creative Director_Pamela Garcia Peña
// Art Director_Adrian Carlos Grygierczyk
// Designers_Pamela Garcia Peña, Adrian Carlos Grygierczyk
// Country_Argentina

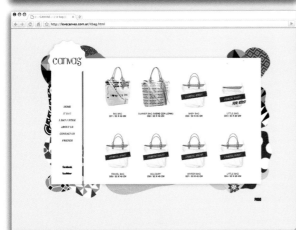

Vodafone ——
客户体验与研究小组

这一新的视觉识别和设计系统的特点是独特、大胆和多变。

// Client_Vodafone
// Studio_Yello Brands
// Creative Director_Adam Trunk
// Art Director/Designer
  /Photographer_Brad Stevens
// Country_Australia

Charter Hall

我们要创建一个新的视觉识别和设计系统，以反映公司惟一的组织理念：表现的灵活性。

// Client_Charter Hall
// Studio_Yello Brands
// Creative Director_Oliva Swinn
// Art Director/Desiger/Photographer_
Brad Stevens
// Country_Australia

INNOVATIONS

吃之新意（*Eat Innovations*）

// Client_Eat Innovations Inc.
// Studio_Ptarmak, Inc.
// Art Director_JR Crosby
// Designers_Zach Ferguson, Annie Mayfield
// Photographer_Walter Pieringer
// Country_USA

Honest Don's Chop 商店

这是为肉类市场和包装熟食产品设计的视觉识别
系统。

// Client_Honest Don's Chop Shop
// Studio_Ptarmak, Inc.
// Art Director_JR Crosby
// Designer_Caleb Everitt
// Photographer_Walter Pieringer
// Country_USA

2009 年 Delta 设计大奖

这是为 2009 年 Delta 设计大奖创作的视
觉与环境设计。Delta 设计大奖是西班
牙和加泰罗尼亚地区工业设计师们的重
要竞赛，以选拔分布在西班牙各地最好
的产品设计。

// Client_ADiFAD
// Studio_David Torrents
// Creative Director_David Torrents
// Designers_David Torrents,
   Silvia Miguez
// Country_Spain

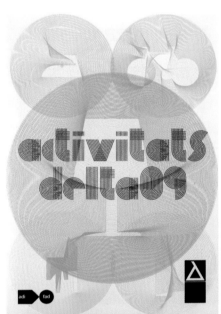

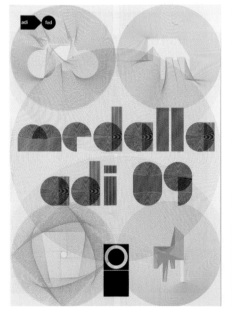

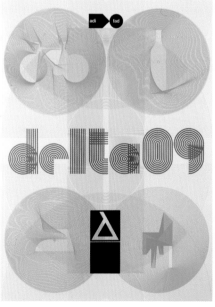

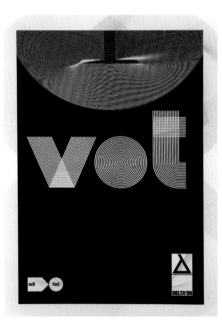

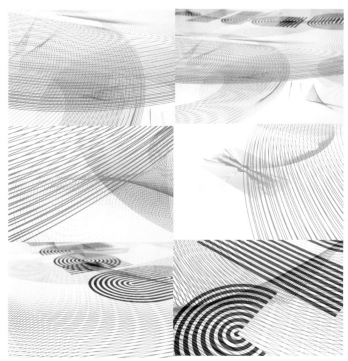

Drive By Sandwich

Drive By Sandwich 是位于哥本哈根的自行车速递三明治公司。无论你在何处，都可以给你速递新鲜健康的三明治。为了令品牌更具摩登感，我们为其创造了一个现代化的品牌形象。

// Client_Drive By
// Studio_Hello Monday
// Creative Director_Jeppe Aaen
// Art Director/Designer/Illustrator_
　Johanne Bruun Rasmussen
// Copywriter_Andreas Anderskou
// Photographer_Enok Holsegaard
// Country_Denmark

Enex100

Visual Unity 设计工作室受ISPT 所托，为enex100 设计一整套零售和商业专用视觉识别、品牌和导向系统。与澳大利亚珀斯的其他购物中心不同，enex100 购物中心形象识别系统由组合有趣的设计元素、艺术家作品和特殊零售商背景等因素，创意而来。

enex100 的大多数顾客与采矿和资源产业多少有些关联，这些行业在西澳大利亚州经济发展中起著至关重要

的作用。因为这样的联系，enex100 标识设计融合了景观要素的环境图形，即特殊的等高线和地形线。这一图形贯穿整个enex100 屋顶和墙壁。这种图形受到由矿物微观形态的启发，代表采矿在地球表面留下的景观疤痕。Visual Unity 设计工作室设计的轮廓图形，延续了景观、采矿和矿物主题。这是从宏观的角度而言，而不是图形所描绘的微观角度。

// Client_ISPT – Industry Superannuation Property Trust
// Studio_Visual Unity
// Creative Director_Adam Flynn
// Designers_Lisa Power, Michelle Power
// Country_Australia

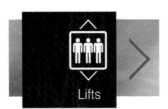

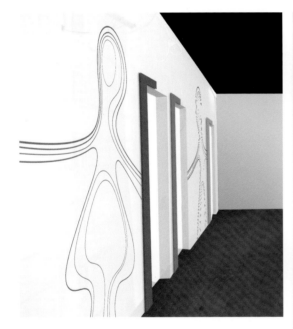

Greenlight

greenlight
English for Business

Greenlight 是巴塞罗那一家成立不久的专业英语培训公司，主要针对那些需要克服语言障碍才能开拓国际市场的公司和专业人士。Xoo 工作室设计了一个年轻清新的形象，阐释了公司的主要工作：教专业人士用英语沟通。为了助其拓展业务，Greenlight专为商业人士设计了一个以人人都知道的英语单词「Tea」（茶）为主题，实践为主的课程。

印有茶壶图案和Greenlight 联系信息的资料袋，被寄给指定的商业人士，在邀请他们享受品茗乐趣同时，让他们了解Greenlight 可以帮助他们及其公司改善和扩大各自业务。

// Client_Greenlight
// Studio_Xoo Studio
// Creative Director_Silvia Pérez
// Art Director_Montse Machuca
// Country_Spain

Full Throttle 饮料

Full Throttle 是一种补充能量的功能性饮品，可以帮助人们完美地完成工作。

// Client Fuze Beverages
// Studio Ptarmak, Inc.
// Art Director JR Crosby
// Designers Annie Mayfield, Zach Ferguson
// Photographer Walter Pieringer
// Country USA

Harmonie Intérieure

这个项目由我和妻子共同完成，专门设计和销售装饰墙纸。我们设计的图形语言，既可用于信笺和名片，也可用于宣传册、包装……

// Client_Harmonie intérieure
// Designer_Fabien Barral
// Country_France

Julian餐馆

// Client_Celina Tio
// Studio_Berstein-Rein
// Creative Directors_Brent Anderson,
   Nathaniel Cooper, Jordan Michael Gray
// Art Directors_Nathaniel Cooper,
   Jordan Michael Gray
// Copywriter_Brent Anderson
// Designers_Nathaniel Cooper,
   Jordan Michael Gray
// Photographer_Gabe Hopkins
// Country_USA

Kashi

Kashi 主要使用7 种谷物制造产品。

// Client_Kashi, Co.
// Studio_Ptarmak, Inc.
// Art Director_JR Crosby
// Designers_Annie Mayfield,
　Zach Ferguson, Luke Miller
// Photographer_Walter Pieringer
// Country_USA

Kick

创意灵感与社交圈黑暗世故的一面有关——弥漫著龙舌兰的夜晚是如此危险和难以捉摸。我们捕捉到这一点，将Kick品牌重新定位为时尚至酷的城市体验。

// Client_El Jimador
// Studio_Yello Brands
// Creative Director_Arnie Grainger
// Art Director_Brad Stevens
// Designers_Brad Stevens, Catherine Van Der Werff
// Country_Australia

KULCHA

Kulcha

Kulcha 是一家以涵盖多元文化为标志的艺术组织，位于澳大利亚西部城市弗里曼特尔。 为了 *Kulcha* 能汇聚更多人气，必须重新塑造其品牌。

Kulcha 在弗里曼特尔举办了一系列与音乐、戏剧、艺术等有关的演出和活动。新标识成为所有宣传品的基本元素，包括文具、印刷品、指示系统等，并得到大家的认可。

// Client_Kulcha, Fremantle Western Australia
// Studio_Braincells
// Art Director_Steve Boros
// Designer/Illustrator_Brett Layton
// Country_Australia

Marius Wolfram

*Marius Wolfram*是一名摄影师，他对标识的要求是：引
人注目。

// Client_Marius Wolfram
// Studio_Axel Peemoeller Design
// Designer_Axel Peemoeller
// Illustrator_Axel Peemoeller
// Photographer_Axel Peemoeller
// Country_Germany

MEƎTING PRODUCTIONS INC. Quality Event Planning

Meeting

这是为一家总部设在迈阿密的公司设计的企业形象识别系统，其业务是组织会议和活动等。

// Client_Meeting Productions Inc.
// Studio_Xose Teiga
// Copywriter_Marco Miranda
// Designer_Xose Teiga
// Country_Spain

341 画廊

341 是一家提供艺术顾问服务的画廊，其名称灵感来自摄影大师*Alfred Stieglitz* 的*291* 画廊。我们将数学概念融入视觉识别系统，以确保其具有当代感。

// Client_341 Gallery
// Studio_MyORB
// Creative Director/Art Director_Lucie Kim
// Designer_Felix von der Weppen
// Country_USA

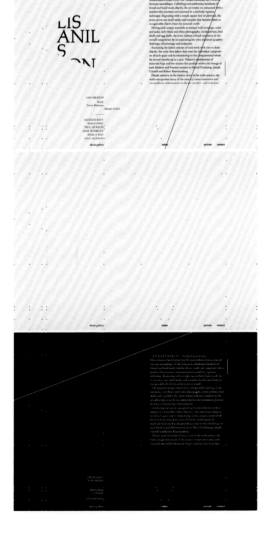

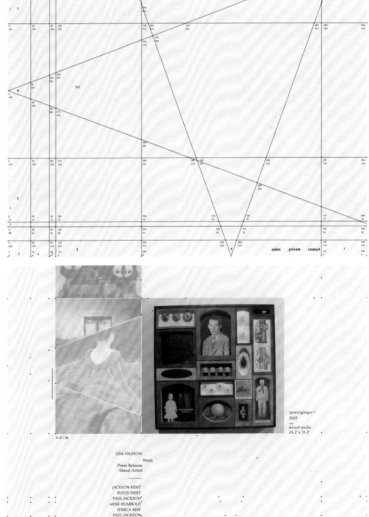

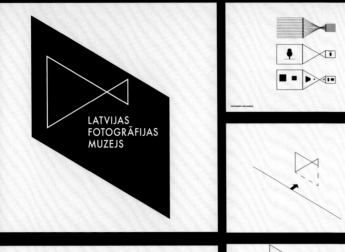

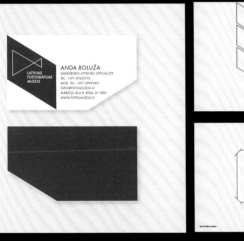

拉脱维亚摄影博物馆

拉脱维亚摄影博物馆是一家小型博物馆，在这里你能了解摄影艺术的历史，翻阅摄影艺术的档案，观看当代摄影展。这里的一切都与摄影有关，只是从不同的艺术层面来展示。标识也别具一格——简单，但具有多层含义。我们设计的这个视觉识别系统，更进一步表达了这种理念。由于博物馆经费非常有限，无法为每个新展览聘请设计师设计海报，所以整个视觉识别系统不仅非常有规律，且内容相对独立——因此所有材料看上去都有关联。

// Client Latvian Museum of Photography
// Studio Hungry lab
// Creative Director/Designer Sandijs Ruluks
// Country Latvia

LATVIJAS
FOTOGRĀFIJAS
MUZEJS

TAVA KLEITA,
MANS MĒTELIS
KĀRĻA LAKŠES DARBU IZSTĀDE
11. JŪNIJS — 5. JŪLIJS
ATBALSTĪTĀJI: DIGITĀLĀS DRUKAS CENTRS,
ĻEŅINGRADA, SPACEGARAGE. INFORMATĪVIE
ATBALSTĪTĀJI: DELFI, FOTO KVARTĀLS, ORBITA.

TAVA KLEITA,
MANS MĒTELIS
KĀRĻA LAKŠES DARBU IZSTĀDE
11. JŪNIJS — 5. JŪLIJS
ATBALSTĪTĀJI: DIGITĀLĀS DRUKAS CENTRS,
ĻEŅINGRADA, SPACEGARAGE. INFORMATĪVIE
ATBALSTĪTĀJI: DELFI, FOTO KVARTĀLS, ORBITA.

黑色摄影师

黑色摄影师（*The Balck Shooter*）是 *Santi Rodriguez* 的摄影工作室。「黑色摄影师」总是身著黑衣，拍摄他镜头前活动的一切物体。即使是兔子也害怕他，躲著他。

根据上述描述，整个视觉识别系统，用不同的颜色的文字平衡文字长度，并通过隐藏在文具后面或容易忽视的角落的兔子形象来强化整个设计的平衡感。

// Client_Santi Rodriguez
// Studio_Xose Teiga
// Designer_Xose Teiga
// Photographer_Santi Rodriguez
// Country_Spain

黑色摄影师

你还好吗？（*R U OK*？）

R U OK？是一家致力于预防自杀的公益组织。 他们需要一个标识，这个标识要能够足以令所有澳大利亚人都认识到，在令人震惊的高自杀率面前，他们是有能力通过与他们的朋友、同事以及所爱的每一个人的简单沟通，而对其产生即时的效应和影响，甚至挽救一条生命。缺乏沟通是导致社会问题的主要原因，特别是自杀。

// Client_R U OK?
// Studio_Yello Brands
// Creative Director_Adam Trunk
// Art Director/Designer_Brad Stevens
// Country_Australia

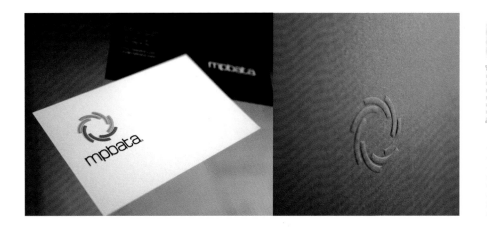

Mpbata

Mpbata 是一家环境服务工程公司。

// Client_Mpbata
// Studio_Zoo Studio
// Creative Director_Gerard Calm
// Art Director_Xavier Castells
// Designer_Blai Pratdesaba
// Country_Spain

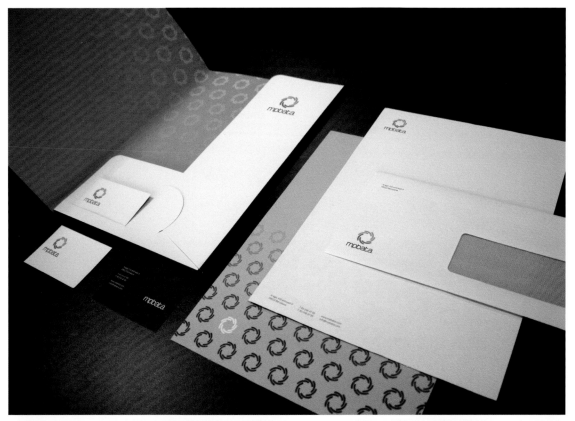

黑伞

黑伞（*Black Umbrella*）公司专为个人、夫妇和家庭提供实用、高效的应急计划。客户选择「伞」，是因为它具有「保护」的象征意义。我们的设计从这一概念发展开去。由于他们大部分的业务是为个人或家庭提供服务，我们以俯视下撑开的伞的外形作为标识图形，借此象征它是房屋的保护盾。此标识可以单独应用，也可以与代表联络和服务的复杂网格组合应用。

// Client_Black Umbrella
// Studio_MyORB
// Creative Director/Art Director_Lucie Kim
// Designers_Felix von der Weppen, Lucie Kim
// Country_USA

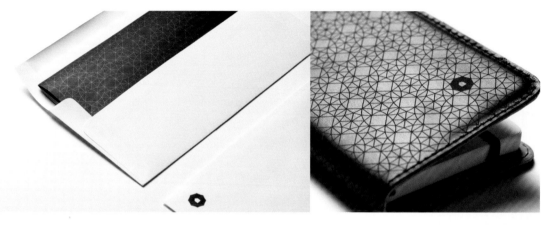

原因与结果

这个项目的客户是一家视频后期制作公司，他们正在寻找能显示因果关系的一个识别系统，该系统的设计要使公司名称具有视觉上的双重意义，并能反映出他们综合特性中的幽默品质。这是公司视觉识别系统的一个至关重要的组成部分，足以令其从竞争对手中脱颖而出。

解决方案是首先从观念上接近目标。我们想象使用「原因」（cause）动力来代表公司本身，「结果」（effect）表示他们的工作成果。我们将「cause」描绘成一个等待客户提供「催化剂」的稳定公司。「effect」则是这种关系的化身：工作的不确定性和偶然性，则视每个客户和项目的具体要求而定。

// Client_Cause & Effect
// Studio_MyORB
// Creative Director/Art Director/Designer_Lucie Kim
// Country_USA

Paramount

PARAMOUNT

Paramount 是一家高级会员俱乐部，坐落于33层的 Centre Point 大厦的最高三层。Centre Point 是伦敦最为著名的摩天大楼之一，被认为是1960年代野兽派建筑的典范。为 Paramount 设计的视觉识别系统概念简单，主要来自两个方面：大厦的建筑风格和高度；并深受1960年代欧普艺术，特别是艺术家 Victor Vasarely 作品的影响。Paramount 的视觉识别系统是由四个不同模式组成，表达了一种向上运动趋势。每个模式是由四个（六角形、三角形、圆形和条纹）简单图形中的一个组成，这种模式在大楼内随处可见，重复出现33次（因为大厦有33层）。

不同的模式有不同的用处。设计需要应用到很多不同地方（小册子、文具、菜单、壁毯、指示牌和滑动玻璃屏风等），因此多变性非常重要。设计的难点在于，既要创建能吸引这个声名远扬的俱乐部成员的优雅设计，还要符合建筑的原始美感。

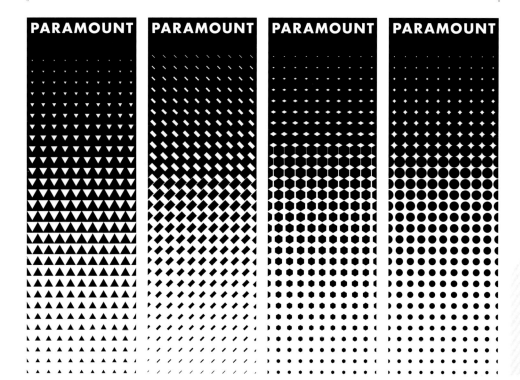

// Client_Paramount
// Studio_Mind Design
// Creative Director_Holger Jacobs
// Art Director_Craig Sinnamon
// Collaborators_Tom Dixon,
   Design Research Studio
// Country_UK

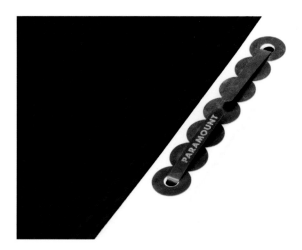

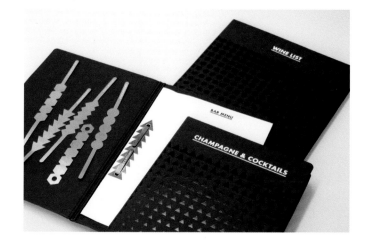

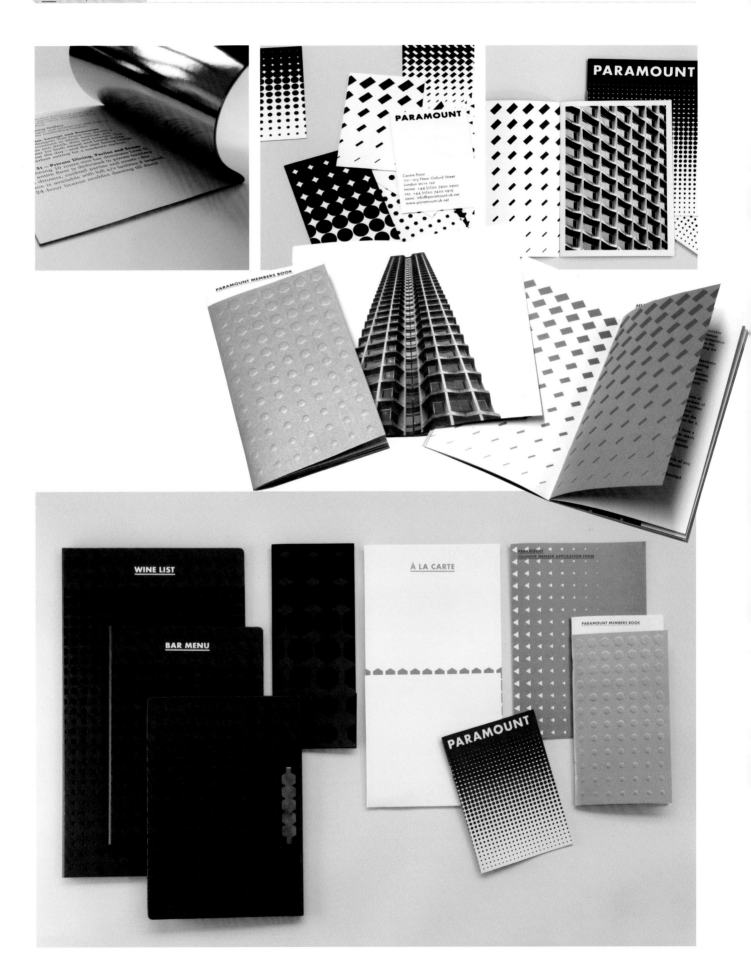

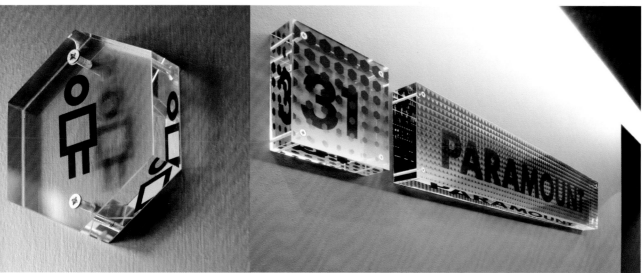

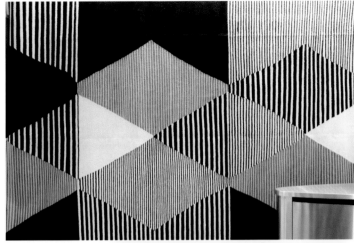

association de
musique ancienne
de nancy

法国南希古典音乐协会

法国南希古典音乐协会（*The Association of Ancient Music of Nancy*）经常组织中世纪、文艺复兴时期及巴洛克等不同风格的音乐会。形象识别系统融合了古典与当代图形。该标识采用特殊的字母组合，表现了城市文化景观结构的特殊性。相互交织的字母是音乐家优美的手势，也是乐器完美的曲线。

海报、节目单和广告采用双色印刷，而且每年的设计及印刷品都各具特色。*2009/2010* 年度的特色是黑色印刷的原始木纹，它表明音乐的起源，余音（或多或少）仍留在听众的脑海中。

// Client_Association of Ancient Music of Nancy
// Studio_Studio Punkat
// Copywriter_Hugo Roussel
// Designer_Hugo Roussel
// Country_France

美妙的歌剧

美妙的歌剧（*Des'lices d'Opera*）的目标是令所有观众更为了解歌剧，就像*Lorraine* 国家歌剧院做的那样。它的办公室位于*Nancy* 市，那儿的*Stanislas* 广场有*Jean Lamour* 的铸铁绘画。这些铁栅栏和双关语*Des'lices*（栅栏或美味）是标识设计的出发点，这并赋予它巴洛克式的光滑轮廓，与黑色形成对比。

// Client_Des'lices d'Opéra
// Studio_Studio Punkat
// Copywriter_Hugo Roussel
// Designer_Hugo Roussel
// Country_France

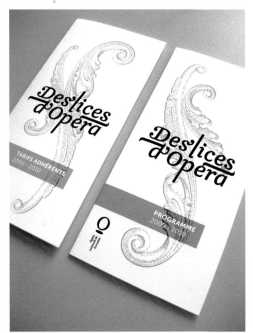

Rizer

因著两位创始人——西蒙和巴里（*Simon* 和*Barry*）
的激情，一家公司诞生了。我用他们俩的剪影设计了
一系列标识，活力四射，得到意想不到的出色效果。

// Client_Rizer
// Studio_StevensLittle
// Creative Director/Art Director
 /Designer_Brad Stevens
// Country_Australia

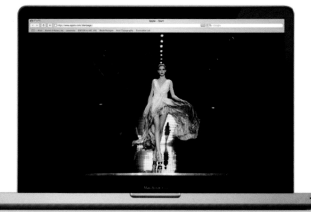

G₂O

这是为加利西亚瓦特兰博览会设计的
形象识别系统。

// Client_Expociencia / Xunta de Galicia
// Studio_Unlimited Creative Group
// Country_Spain

Tess 模特经纪公司

这是为伦敦的模特经纪公司设计的形象识别系统。Tess 代表在英国已广为人知名字，诸如超模 Naomi Campbell 和 Erin O'Connor。

我们以装饰艺术元素为基础，发展出系列变体的标识。相同的元素作为外框应用在各种不同的印刷品以及网站上（与模特的相片镶嵌在一起）。

// Client_Tess Management
// Studio_Mind Design
// Creative Director_Holger Jacobs
// Designer_Sara Streule
// Collaborator_Simon Egli, Zurich
// Country_UK

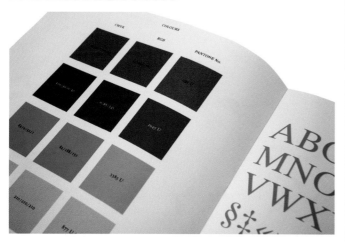

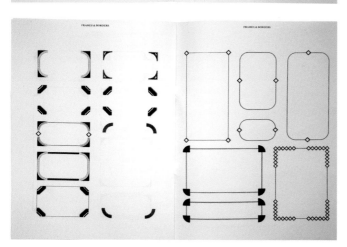

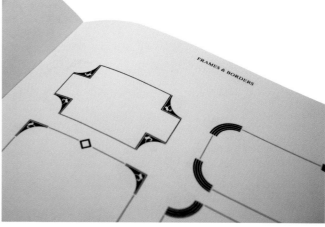

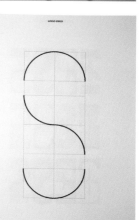

The purpose of this simple design manual is not to establish corporate rules but to illustrate the concept of the TESS logo and its related graphic elements.

The TESS logo is based on a grid of squares and half-squares. The basic letterforms can be overlaid with a number of additional decorative elements based on the same grid.

The number and density of decorative elements allows for a variety of logos ranging from detailed and dense to fragile and light.

The various logoforms are constructed by using the following three sets: Basic Letterforms, Additional Elements A, Additional Elements B.

Navy Blue, Red, Turquise Green, Black, Grey and Cream. In print, Black and Grey can be replaced with special finishing techniques such as embossing or die-cutting.

Frames are constructed using the same elements as the letterforms. The size of the frame elements should be the same size as in the logo. The shape of a frame can be re-sized vertically as well as horizontally by expanding its connecting lines.

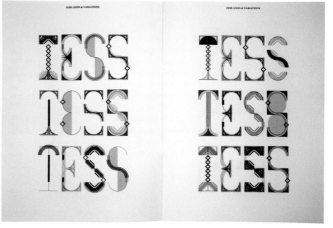

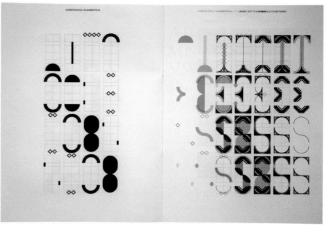

NAOMI CAMPBELL

LIZZIE TOVELL

ROSE CODERO

HOUSE

THE HOUSE THEATRE OF CHICAGO

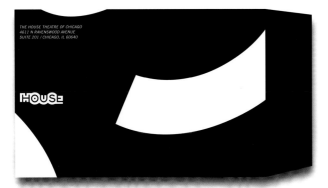

芝加哥剧院之家

这是为芝加哥剧院之家（*The House Theatre of Chicago*）重新设计的标识，它体现这家剧院及其成员的活力和激情，及其专业和高尚的魅力。

// Client_The House Theatre of Chicago
// Studio_Plural
// Creative Directors_Renata Graw, Jeremiah Chiu
// Designers_Christopher Kalis
// Country_USA

HAT MARIO TESTINO KATE MOSS VERHEXT?
DIE KREATIVE REVOLUTION. INTERVIEW MIT DONALD SCHNEIDER
ADC GIPFEL DER KREATIVITÄT / AUSSTELLUNG / KONGRESS / AWARDS SHOW / BERLIN / 22.–26.04.2009
WWW.ADC-GIPFEL.DE

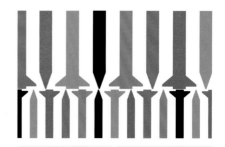

ART DIRECTORS CLUB
für Deutschland (ADC) e.V.

德国艺术总监俱乐部

该俱乐部为567名创意总监的代理人，他们需要一个未来发展的解决方案。

这个设计完全切合他们的需求，ADC的标识、ADC的Futura字体、ADC的标志色彩——品红，加上ADC的钉子——德国最大的创意比赛的金、银、铜奖座。然后将这些品牌特性有机融合，通过各种媒体，展示了ADC强大的品牌形象——完全与俱乐部的自身调性相吻合。

// Client_Art Directors Club
// Studio_Strichpunkt GmbH
// Creative Directors_
    Kirsten Dietz, Jochen Raedeker
// Art Director_Anders Bergesen
// Designers_Anders Bergesen,
    Julia Ochsenhirt, Julia Worbs
// Illustrator_Anders Bergesen
// Country_Germany

KOPI

作为庞大的品牌设计系统的一部分，我为新上市的概念咖啡KOPI手工制作了装咖啡豆的麻袋、纸盒包装和糖包。

// Designer_Colin Dunn
// Photographer_Colin Dunn
// Country_USA

	KOPI LUWAK			SPEKKOEK
$45	Lightly roasted to preserve the complex flavor. Also served chilled. Eight ounces.		$40	Layered cake, spiced with mace and anise. Served plain or with pandan.
	KOPI LUWAK BEANS			ONGOL-ONGOL
$230	Only the ripest beans are selected in this naturual harvesting process. Beans are lightly roasted and sun dried. Half pound.		$25	Indonesian sweet made with vanilla and cornstarch, boiled with palm sugar. Three squares, served warm.

Russell Marsh Casting

Russell Marsh Casting

Russell Marsh 专为时尚秀和摄影活动提供模特。鉴于他非常善于发现人体的优美之处，视觉形象识别系统以黄金分割为基础，即最完美的比例。

各种与黄金分割有关的线条图形运用在所有印刷材料上。交叉重叠的线条塑造出不同的密度并在版式的边缘连接。视觉识别系统并没有实际意义上的标识，只在线条图案旁，最小限度地使用传统字体。

// Client_Russell Marsh Casting
// Studio_Mind Design
// Creative Director_Holger Jacobs
// Art Director_Craig Sinnamon
// Designer_Johannes Hoehmann
// Country_UK

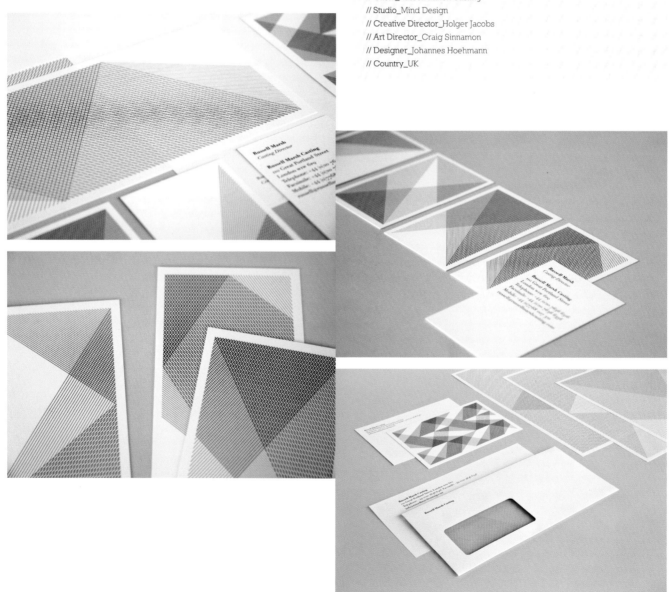

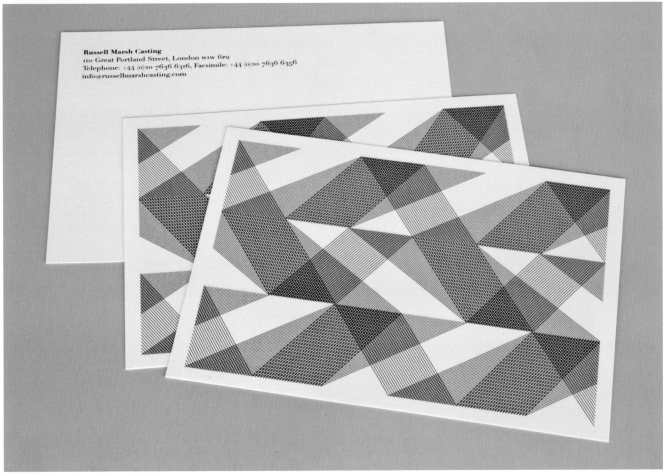

Jack & Evie ——个性家具

Jack & Evie 是一家特立独行的现代家具店，产品种类繁多，包括电器和家具等。为了与众不同，强调「个性化」理念。

我们为众多的产品设计了标签和贴纸，就此形成充满活力的独特的企业形象识别系统，并通过在网站上的应用得以强化。

// Client_Jack & Evie
// Designer_Ashlea O'Neill
// Illustrator_Ashlea O'Neill
// Country_Australia

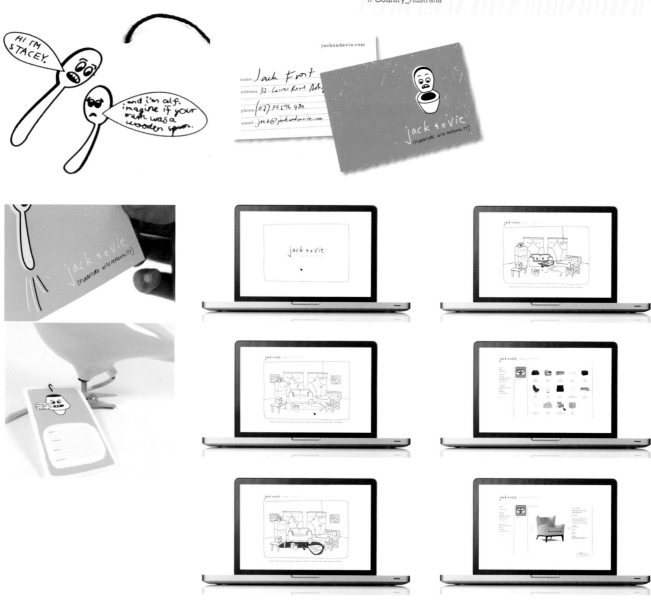

2009 奥斯陆时装周

作为平面设计师，我想使用一种时装设计师工作用的主要材料——面料，来诠释这一设计。

// Client_Oslo Fashion Week
// Studio_Snasen
// Creative Director_Robin Snasen Rengård
// Art Director_Robin Snasen Rengård
// Designer_Robin Snasen Rengård
// Illustrator_Robin Snasen Rengård
// Photographers_Joakim Gomnæs, Joachim Norvik,
Lars Petter Pettersen, Einar Aslaksen, Det tredje øyet,
Gil Inoue, Dusan Reljin, Robin Snasen Rengård, Nick McLean
// Country_Norway

Olssøn & Barbieri

每款包的年产量不超过50件，通常都经过细致入微的修改，令每件产品和系列都很独特。设计简洁粗犷的纸盒不仅仅源自独特审美，更是手工艺品的标志和誓言；而包不但是跟上潮流设计脚步的物品，还是产品设计本身。

每只包都是密封的，涂漆过的标签上有简短的描述、编号和生产年份。

意大利纯手工制作，使用最优质的材料和工艺。

// Client_Olssøn & Barbieri
// Studio_Designers Journey
// Creative Directors_Erika Barbieri, Henrik Olssøn
// Art Directors_Erika Barbieri, Henrik Olssøn
// Copywriter_Henrik Olssøn
// Designers_Erika Barbieri, Henrik Olssøn
// Illustrator_Erika Barbieri
// Photographer_Axel Julius Bauer
// Country_Norway

FaceTime™

FaceTime

标识不仅要有说服力，还应该具备亲和力。经过展示和讨论几种不同的设计方案，所选的版本获得认可。我们设计的标识以「对话气泡」图标（意味著互动和交流），及注入的像「眼睛」一样的双引号为主要图形；配以修饰得较为圆润的Gotham字体，提升亲近感，并将「T」大写，在增加可读性的同时，方便记忆；纯净的蓝绿二色作为主色调，倍加清新。

// Client_AEO (Association of Event Organisers)
// Studio_Form
// Art Directors_Paula Benson, Paul West
// Copywriter_Paula Benson
// Designers_Paul West, Paula Benson,
  Joe Wassell Smith, Matt Le Gallez
// Country_UK

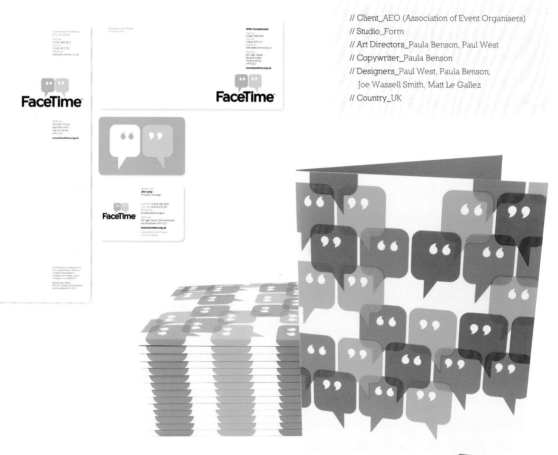

少用一辆车

Transportation Alternatives
机构，提出「少用一辆车」
的口号。其目的是提倡在纽
约市出行时，以骑自行车、
步行和乘坐公共交通工具来
代替开车。第一次集体讨论
后，我们在纽约市的公园里
漫步，在包里装满叶、花、
泥土和草。我们把我们的发
现带进暗房，制作出像*Man
Ray* 一样的黑影照片，之后
再扫描。照片和纽约最著名
的建筑物融合在一起，形成
字母的样子。最后，我们创
造出纽约应该有的样子，那
梦幻般的城市景观：绿洲。

// Client_
    Transportation Alternatives
// Studio_MyORB
// Creative Director
    /Art Director_Lucie Kim
// Designer/Illustrator_
    Felix von der Weppen
// Country_USA

Wuselbirger

每一期 *Feld* 杂志都有专门介绍书籍的版面。我为这些文章设计插图。每次我都努力使插图与书籍内容相匹配。

// Client_Feld Magazine
// Studio_Axel Peemoeller Design
// Designer_Axel Peemoeller
// Illustrator_Axel Peemoeller
// Photographer_Axel Peemoeller
// Country_Germany

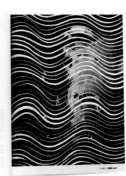

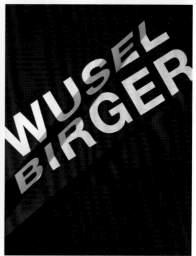

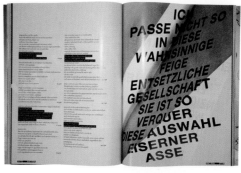

雕刻的 *moleskine*封面

这套限量版激光雕刻的 *moleskine*记事本封面图案是手工绘制的。

// **Studio**_MyORB
// **Creative Director/Art Director**_Lucie Kim
// **Designers/Illustrators**_Felix von der Weppen, Lucie Kim
// **Country**_USA

2009视听艺术节

这是为2009视听艺术节绘制的壁画。

// **Client**_Playgrounds Festival 2009
// **Studio**_Staynice
// **Country**_The Netherlands

Mitchell图书馆百年庆

Frost设计工作室为Mitchell图书馆度身打造的字体源自它从15世纪至今的所有精选内容。每一个字母的组成元素都来自这些精选内容，包括地图细节、手稿、图片、文物，甚至Mitchell图书馆的历史建筑。

Mitchell图书馆作为新南威尔士国家图书馆的一部分，是澳大利亚新南威尔士首选历史遗迹，然而究竟它的藏品有多丰富，涵盖多深远并不广为人知。

字体设计是图书馆向公众展示档案所带来的惊喜之一，有助于加强交流和增进收藏。

// **Client_**Mitchell Library
// **Studio_**Frost
// **Creative Director_**Vince Frost
// **Design Director_**Anthony Donovan
// **Designer_**Serhat Ferhat
// **Copywriter_**Lex Courts
// **Country_**Australia

We Are Animals

We Are Animals是一种字体，创意源于：归根结底我们都是
有著不同人或动物的形态的动物，就像这字体表现的那样。

// Client_POGO
// Studio_POGO
// Creative Director_Pamela Garcia Peña
// Art Director_Adrian Carlos Grygierczyk
// Designers_Pamela Garcia Peña, Adrian Carlos Grygierczyk
// Country_Argentina

Festival África Vive

Nolasco
Simao Félix
Grupo
congoleño

Miércoles 20 de mayo. 21.30 h.
Sala Malandar. Torneo 43. Sevilla
Entrada gratuita hasta completar aforo
www.africavive.es

África Vive es una iniciativa de Casa África.

Día de África
25 de mayo de 2009
Casa África www.casafrica.es

África Vive

「AFRICA VIVE」（在西班牙语中，它同时有两个意思，即「非洲生命」和「生机勃勃的非洲」）展现非洲CASA组织的众多不同的庆祝国际「非洲日」的活动，并以此作为载体，把非洲与西班牙公正舆论的关系进一步拉近。首次举办的节日活动，包括研讨会、讲习班、音乐会、电影以及展览。所有参与者都是非洲人。我们设计的字体，成为所有作品（海报、传单和手写计划）的亮点。

这些图形实际上都是文字，采用四种颜色（蓝色、棕色、萤光粉色和萤光绿色），并作为背景，以显示用黑色的其他元素附加：信息、数据、事件类别等。

我们力图规避既有审美，远离传统的「非洲形象」。那些滥用的图片只能反映悲惨的非洲世界：偏远和穷困。我们没有使用灰暗的色彩与传统的排版，那样总会导致我们常设法避免的「迂腐」。我们想告诉人们另一个非洲：一个大都会、有丰富的文化、音乐爱好者、充满生机、现代……这就是为什么我们尝试在设计中使用这样语言。

// Client_Casa África
// Designer_Ena Cardenal De La Nuez
// Preprint_Cromotex.
// Printer_Tf Artes Gráficas
// Country_Spain

Concierto
África Vive

Ojos de Brujo
Daara J
Bassekou Kouyaté
Tiken Jah Fakoly
Smod

Sábado 23 de mayo. 20.00 h.
Paraninfo de la Ciudad Universitaria
Entrada gratis. www.africavive.es

Metro Ciudad Universitaria L.6. Autobús 82/F/U/H20
África Vive es una iniciativa de Casa África.

Ciclos de
cine
África Vive

África Vive/Canarias
Del 25 al 29 de mayo de 2009
Casa África. www.casafrica.es

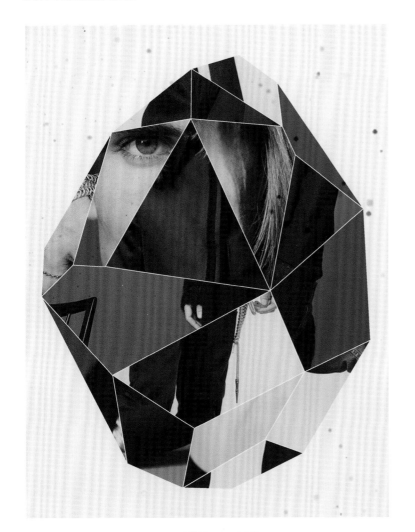

Nwo

*Matrin Friedrich*是德国慕尼黑的一位摄影师和视觉总监。
我们为他其中一个故事创作了有趣的*flash*动画。观看动
画，请访问*http://www.myorangebox.com/nwo/nwo.html*

// **Client_**Martin Friedrich
// **Studio_**MyORB
// **Creative Director/Art Director_**Lucie Kim
// **Designer_**Felix von der Weppen
// **Photographer_**Martin Friedrich
// **Animation and Flash Development_**Felix von der Weppen
// **Country_**USA

VIP邀请函

// Client_E&M
// Studio_Zoo Studio
// Creative Director_Gerard Calm
// Designer_Jordi Vila
// Country_Spain

婚礼请柬

当 *Luice* 向她未来丈夫展示选定的婚礼请柬时，他却认为卡片过于正式。
因此她在现有设计上加上他的评语，希望能达到他的要求。实际的婚宴
是在一艘绕曼哈顿航行的游轮上举行的。*Felix* 和 *Luice* 把工作室变成丝网
印刷工厂，手工印制了每张邀请函，最后，邀请函折叠成特大纸船。

// **Client**_Lucie Kim, Michael Kim
// **Studio**_MyORB
// **Creative Director/Art Director/Designer**_Lucie Kim
// **Country**_USA

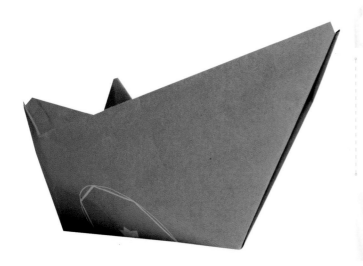

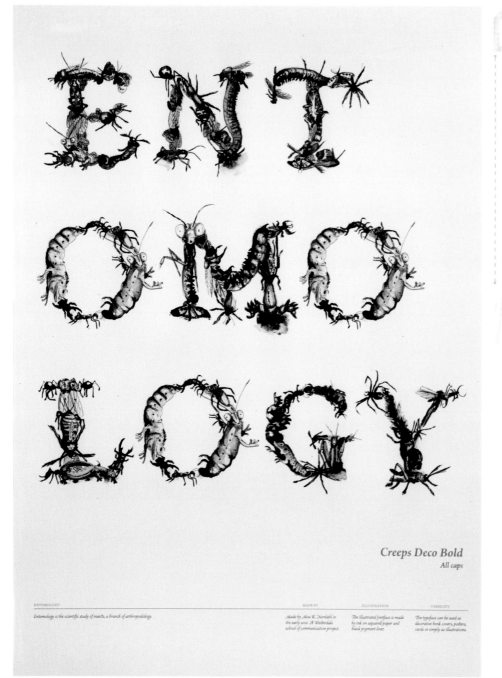

Creeps Deco Bold
All caps

ENTOMOLOGY

Entomology is the scientific study of insects, a branch of arthropodology.

MADE BY

Made by Moa K. Nordahl in the early 2010. A Westerdals school of communication project.

ILLUSTRATION

The illustrated fontface is made by ink on aquarell paper and black pigment liner.

USEABILITY

The typeface can be used as decorative book covers, posters, cards or simply as illustrations.

Creeps Deco Bold

Creeps Deco Bold是为期两周的字体作业。没有具体规定，我们可以毫无限制地自由设计，不论结果会是怎样或像什么。因此，我创作了 Creeps Deco Bold字体，这是用墨水笔手绘制字体。

描绘这些由昆虫和小爬行动物组成的字体，每个都需要3小时。这些看起来像在蠕动的字体，远看颇为有趣，近看则细节迷人。

// Designer_Moa K. Nordahl
// Country_Norway

心灵之旅

当我们收到 *Hintmag* 的时尚编辑从巴黎带回的最新照片中的 *5* 张，并以此创作一个 *flash* 动画以表达疯狂与偏执的情绪。

Felix 改造了现有图片，并从两个方面添加了插图和颜色。观看动画，请访问 *http://www.myorangebox.com/htm2/mindtrip.html*

// Client_Hintmag

// Studio_MyORB

// Creative Director/Art Director_Lucie Kim

// Designer/Illustrator_Felix von der Weppen

// Photographer_Rémi Lamandé

// Animation and Flash Development_Felix von der Weppen

// Country_USA

啤酒包装

德克萨斯州圣安东尼奥的小型啤酒厂产品包装。

// **Client**_Freetail Brewing Co.
// **Studio**_Ptarmak, Inc.
// **Art Directors**_Larry Mcintosh, Charla Adams
// **Designer**_Luke Miller
// **Country**_USA

Eventyrbrus

Eventyrbrus是 Rignes生产的挪威传统软饮料的新包装。原来的产品已经有一个类似的酒标设计，图案自1950年代的童话《小红帽》和《三只小猪》。我们的任务是用任何我们愿意的方式重新设计Eventyrbrus。对我们来说，这设计很有吸引力，就像父母给十几岁的小孩买的饮料，无论什么牌子都能在孩子中提高知名度。必须保证把这些老童话带入设计的。我们想保持产品复古的外观，来提醒大家这是一种古老的饮料，复古色彩、图案和插图一定能吸引小孩，并在商店里脱颖而出。我们还改编了童话《迷失在煎饼中》和《愚弄熊的狐狸》。设计的特点是：大胆、活泼和幽默。

// Client_Rignes,
   Westerdals School of Communication
// Designers_Moa K. Nordahl,
   Kristian Allen Larsen, Sofie Platou
// Country_Norway

'Fleur De lis' 白兰地

这是为女性消费者设计一款的白兰地——优雅时髦的外形，上口好记的名字，在市场中卓尔不群。

女人味是酒名和优雅外形的特征。玻璃瓶和木盒上飞泄而下的铭文 *Fleur De lis* 源自法语符号。这一设计令这种酒从繁多的同类产品中脱颖而出，备受青睐。

// **Studio**_StudioIN
// **Art Director**_Arthur Schreiber
// **Designer**_Arthur Schreiber
// **3D Visualization**_Pavel Gubin
// **Country**_Russia

Heus 葡萄酒

*Heus*在加泰罗尼亚语中是「再次」的意思，它是 *La Vinyeta*城的一种新葡萄酒名称。这种葡萄酒在葡萄酒季最早出现在市场上，口感新鲜爽口，因为在整个酿制过程中都没有使用橡木桶。酒标像那些古董书的封面一样，有著复古的图案。酒标上不同星号图案分别代表不同口味的酒。*2009*年，重新设计的酒标被印在反面，和封印形成一体，构成所谓「一体化作品」。

// Client_La Vinyeta
// Designer_Lluís Serra Pla
// Country_Spain

A la Petite Ferme

设计理念是要传达一种质朴的「每一天的新鲜感」，推开窗，感受乡村简单生活的气息与印象。

我们想要设计一个能反映这种真实氛围的，融合幽默、私密和怀旧的视觉识别系统。

// Client_Arcus Wine Brands
// Studio_DesignersJourney
// Creative Directors/Art Directors_Erika Barbieri, Henrik Olssøn
// Copywriter_Henrik Olssøn
// Designers_Erika Barbieri, Henrik Olssøn
// Illustrator_Erika Barbieri
// Photographer_Axel Julius Bauer
// Country_Norway

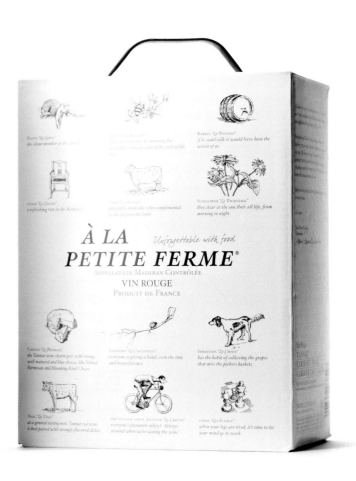

*Punt i Apart*酒包装

像 *Zootrop*玩具一样，一瓶 *Punt i Apart*——加泰罗尼亚语「点与新一章」——慢慢旋转起来，会出现一个序列，彷佛永远不会结束。每年这种酒都推出不同序列。就像葡萄在橡木桶中慢慢发酵，接着是储存在玻璃瓶里的漫长过程；酒瓶似乎也在寻找最理想的一刻，此时，它最大限度地展现自己。

// **Client**_La Vinyeta
// **Designer**_Lluís Serra Pla
// **Illustrator**_Marta Altés
// **Country**_Spain

Amberley葡萄酒

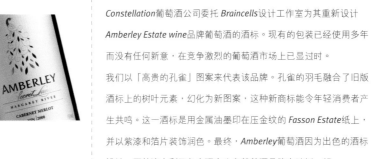

Constellation葡萄酒公司委托 Braincells设计工作室为其重新设计 Amberley Estate wine品牌葡萄酒的酒标。现有的包装已经使用多年而没有任何新意，在竞争激烈的葡萄酒市场上已显过时。

我们以「高贵的孔雀」图案来代表该品牌。孔雀的羽毛融合了旧版酒标上的树叶元素，幻化为新图案，这种新商标能令年轻消费者产生共鸣吗。这一酒标是用金属油墨印在压金纹的 Fasson Estate纸上，并以紫漆和箔片装饰润色。最终，Amberley葡萄酒因为出色的酒标设计，而从澳大利亚各个酒店众多葡萄酒品牌中独树一帜。

// Client_Constellation Wines
// Studio_Braincells
// Creative Director_Jeff Champtaloup
// Art Director_Steve Boros
// Designer/Illustrator_Brett Layton
// Country_Australia

*Backyard*葡萄酒包装

*Laurie Millotte*要求我为*Backyard*酒庄创作一幅插图，该酒庄位于加拿大温哥华的地铁外，插图由此而来。

// **Client**_Backyard Vineyards
// **Creative directors**_Laurie Millotte, Bernie Hadley-Beauregard
// **Illustrator**_Fabien Barral
// **Photographers**_Laurie Millotte, Fabien Barral
// **Country**_France

Espiritu De Elqui

*Los Nichos*是一家成立于*1868*年的家族式酿酒厂,坐落在智利北部的*Elqui*山谷。

在北部炎热的夏季午后,这个故事就象诗歌一样广为流传:

*Rigoberto Rodriguez*喜欢尝试酿制各种烈酒,最终得到这种美味*Pisco*(一种秘鲁白兰地)。从此,他的后代一直沿用这一古老方法酿造这种酒。

以前的包装业已过时,也不能传达产品所拥有的标准等级,新包装因此产生。*Espiritu de Elqui*是一种精酿烈酒,有两种酒精浓度,*40*度和*45*度。酒瓶是由贴有丝网印花标签的著色玻璃瓶,瓶塞是加盖铝合金密封的软木塞,上面也有丝网印花标志。

// **Client**_Fundo Los Nichos
// **Studio**_Grafikart
// **Creative Director/Art Driector**
 /Designer_Edward Pearson
// **Photographer**_Luis Piano
// **Country**_Chile

*Zeitun*橄榄油

这个项目是要设计一个与智利其他橄榄油品牌不一样的包装，令*Zeitun*橄榄油看上去充满吸引力，能够得到消费者的青睐。只有与众不同才能成功。

我们的首要任务是构建特性。*Zeitun*来源于阿拉伯文，意思就是橄榄。古典风格的玻璃瓶，有助于传达传达这样的信息：作为橄榄油，该产品在有一定历史了。

整个包装设计图形简朴中性，著重强调生产过程，将主要原料和用量列了出来，这样的设计也是为使它能在其他品牌中脱颖而出。图案丝网印在玻璃瓶上，这样利于回收再利用。纸条封印的软木塞，既保证了美味又透出古典风韵。

// Client_Pino Azul S.A.
// Studio_Grafikart
// Creative Director/Art Director / Designer_Edward Pearson
// Copywriter_Ana Sofia Gallinal
// Photographer_Luis Piano
// Country_Chile

就是如此(As It Should Be)

这种酒为搭配某类食物以四瓶一组出售。一般来说，只有红酒鉴赏家才热衷于搭配红酒与食物，以求获得最佳美味。这样说来酒瓶上的建议就显得太普通了。

酒名"就是如此(As It Should Be)"在红酒中一点都不传统，它受这种酒惟一的概念和解释的影响，为了得到食物与红酒的佳配：就是如此。插画和手写体增强了非正式感，就像小鸡爱上红酒。

我们把所有概念信息都放在酒标上部，有关红酒的信息放在带颜色的酒标下部。

// Client_Arcus Wine Brands

// Studio_DesignersJourney

// Creative Directors_Erika Barbieri, Henrik Olssøn

// Art Directors_Erika Barbieri, Henrik Olssøn

// Copywriter_Henrik Olssøn

// Designers_Erika Barbieri, Henrik Olssøn

// Illustrator_Erika Barbieri

// Photographer_Axel Julius Bauer

// Country_Norway

Core Cider苹果酒包装

Core Cider苹果酒是位于西澳大利亚佩斯附近山麓的 High Vale果园
的最新产品。

Core Cider苹果酒不含有任何人工色素或香料，以 High Vale农场种
植的有机苹果为原料。印在透明纸上的酒标，采用 5 点墨水印刷，
看上去简洁清新。

// Clients_High Vale Orchard, Pickering Brook, Western Australia
// Studio_Braincells
// Art Director_Steve Boros
// Designer/Illustrator_Brett Layton
// Country_Australia

Fruto Seco

这是为 *Aldi* 超市的坚果类食品设计的包装。这种
食物的特点是：质优价廉。

// Client_Supermercados Aldi
// Studio_Series Nemo
// Country_Spain

Marabans Orígenes

*Marabans's First Master Coffees*系列咖啡邀请大家周游全球：「纯正的口味把人们带到童话世界」。

纯正的口味与香气，唤起遥远的、充满异国情调和渴望的土地，引领、激励、我们享受难忘时刻……

遍游世界各地！

// **Client**_Distribución Cafés Finos
// **Studio**_Series Nemo
// **Country**_Spain

Oso 冰淇淋

Xoo工作室为oso冰淇淋设计了一个感觉非常「甜」的包装，就像冰淇淋一样，对那些甜食爱好者来说是一种视觉享受。为了让人能联想到这款冰淇淋的柔软度和奶油，标识的字体、格式和大小都做了相应调整。

这个品牌最重要最关键的部分是它的名字：北极熊（「oso」在西班牙语中的意思是「熊」）。熊的友好和憨态可掬暗示甜食爱好者的贪嘴。Xoo工作室并没有把它设计成其他牌子冰淇淋那样，只把冰淇淋的照片和口味印在包装上；而是将图形化的品牌名称印在醒目位置，不同的颜色和文字说明以区分不同口味。

// **Studio**_Xoo Studio
// **Creative Director**_Silvia Pérez
// **Art Director**_Montse Machuca
// **Country**_Spain

Tutti Frutti

Tutti Frutti是一家艺术冰淇淋店，它运用统一的视觉识别系统，在众多同品牌中另具一格。它吸取1950、60年代意大利冰淇淋和咖啡文化，标识和包装都具有那个苏打饮料和冰淇淋店黄金时期的特点。

// Client_Tutti Frutti
// Studio_Visual Unity
// Creative Director_Adam Flynn
// Designer_Lisa Power
// Country_Australia

Buy 5 icecreams and receive a single scoop free!

FLAVOURS

Double Choc Chip

Vanilla Bean

Strawberry Delight

Peppermint

Lemon Sorbet

Butterscotch

Mango

Banana

Boysenberry

Pistachio

Cookies & Cream

Jaffa

*MTV*病毒

该项目由 *D&AD* 启动，要求像病毒传播那样表现 *MTV*。考虑到绝大多数人会在网络上寻求解决问题的方法，一个图形化的解决方案浮现脑海。一系列装有海报，模仿安全医药包装的纸盒就此诞生，并从非传统渠道进行传播。它们将放在商店、酒吧和电影院等地方。

// Client_D&AD
// Creative Director/Art Director
  /Designer/Photographer_Ash Spurr
// Country_UK

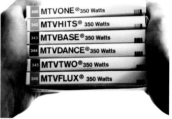

Sanpros

这是应 **D&AD** 要求为 *Sanpros* 公司设计的包装。新包装有时髦
鲜艳的外观，而不是一般卫生棉条经常采用的安静拘谨的包
装设计。它鼓励十几岁的少女，不必为生理周期感到羞耻或
尴尬。

// Client_D&AD
// Creative Director/Art Director
  /Designer/Photographer_Ash Spurr
// Country_UK

Wondaree澳大利亚坚果包装

Wondaree澳大利亚洲坚果生长于北昆士兰州的坚果农场。生产商想要重塑产品形象，不仅展示他们的有机产品，同时表现这些产品亦提供给盲人。

将盲文压印在木制衣夹上的设计特色、昆士兰文化的坚定与大色块包装，醒目好认。

// Client_Wondaree Macadamias
// Creative Director_Ashlea O'Neill
// Art Director_Ashlea O'Neill
// Designer_Ashlea O'Neill
// Country_Australia

电车项目

利用墨尔本有轨电车系统的视觉识别元素，我创作了系列产品包装，包括工作簿、文件夹和 *CD* 盒系列。

// **Client**_Downer
// **Studio**_Yello Brands
// **Creative Director**_Adam Trunk
// **Art Director/Designer**_Brad Stevens
// **Country**_Australia

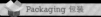

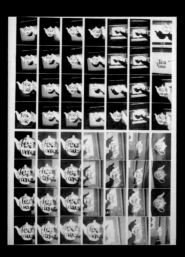

Tea Time

该项目是要为散装茶叶设计系列包装。需要考虑的事项是：环保概念的包
装、传达独家销售限量茶叶的信息与吸引年轻的专业人员。结合模切技术，
这样的包装两全其美：既表达了独家销售，也节约了成本。

// Tutor_Leanne Gonczarow
// Designer_Dmitri Moruz
// Country_Russia

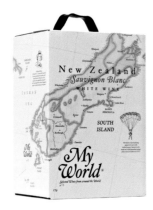

我的世界

客户要求为一组新世界的精选红酒设计包装，这些红酒是每一块大陆上最好的红酒。红酒是一种地域性极强的产品，每一特定地区的葡萄都有其惟一特性。我们试图寻找一种方式能反映每一块大陆葡萄的特性，以保证这一红酒家族的稳定性。

我们决定用绘有当地动植物和文化的插图包裹那一原产地的红酒。受16世纪绘制的彩色地图启发，我们设计了一系列手绘地图包装盒。这样一来，每一种红酒都非常容易辨认，同时特性也得以彰显。这是一个不带极简主义趣味的、完全手工绘制的现代包装。

// Client_Arcus Wine Brands
// Studio_DesignersJourney
// Creative Directors_Erika Barbieri, Henrik Olssøn
// Art Directors_Erika Barbieri, Henrik Olssøn
// Copywriter_Henrik Olssøn
// Designers_Erika Barbieri, Henrik Olssøn
// Illustrator_Erika Barbieri
// Photographer_Axel Julius Bauer
// Country_Norway

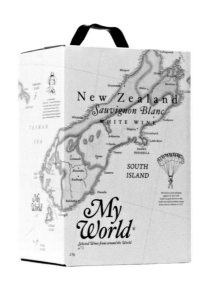

Sixpack & DC Shoes

为了适应「Sector 7」和「Admiral」模型鞋，这款鞋盒被设计成两种规格。鞋盒上的图案受到空间图像灵感启发，就像星系中的太空残骸，但并不是你平时看到的描绘深远空间的图像，而是街头文化元素。棋子对于 RZA 和 GZA 来说，正如生活就像国际象棋比赛。管道和签字钢笔则代表创造力和企业家精神，一种能推广街头音乐的组合。

// **Client**_Sixpack France and DC Shoes
// **Studio**_PMKFA
// **Country**_Japan

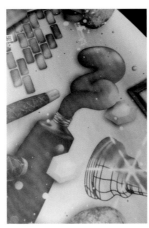

代码蛋

为巧克力艺术家 *Ruben Alvarez*限量版巧
克力艺术作品「代码蛋（*Code Egg*）」
所设计的包装。

// **Client**_Rubén Álvarez
// **Studio**_Zoo Studio
// **Creative Director**_Gerard Calm
// **Designer**_Xavier Castells
// **Country**_Spain

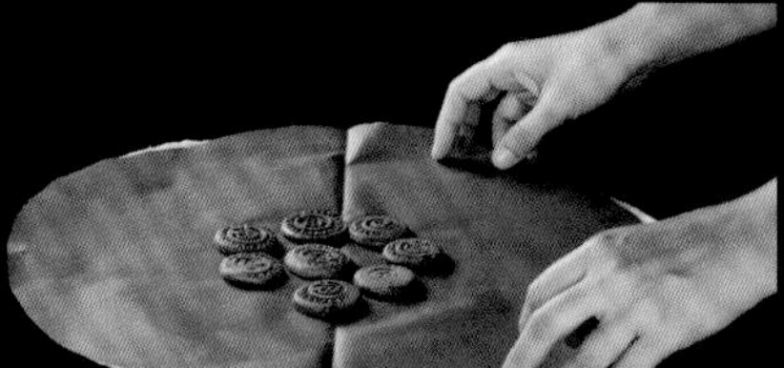

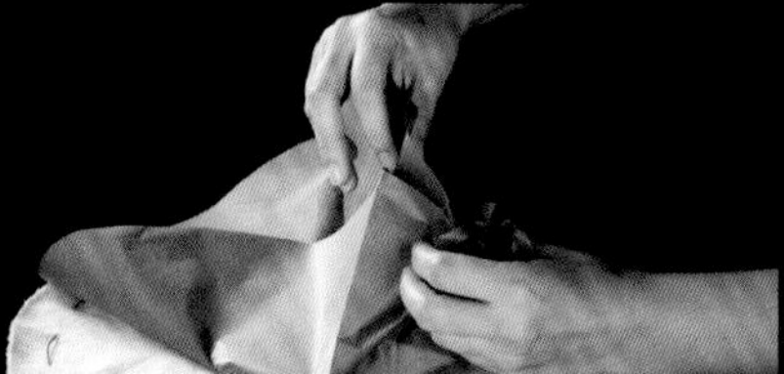

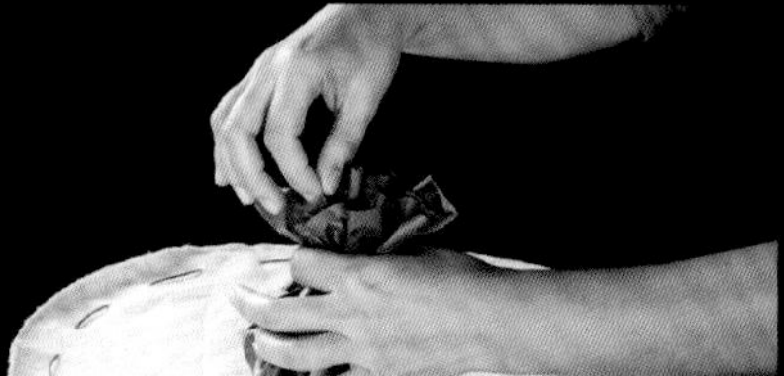

Sla Paris

为化妆品 *Sla Paris* 重新设计的品牌风格和包装。

// Client_Sla Paris
// Studio_Zoo Studio
// Creative Director_Gerard Calm
// Art Director_Xavier Castells
// Designer_Marc Vilà
// Photographer_Jordi Vila
// Country_Spain

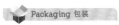

Esteo促销

Esteo家具在卖点的促销活动，包括海报，纸袋等。

// **Client**_Esteo Mobiliario
// **Studio**_Unlimited Creative Group
// **Country**_Spain

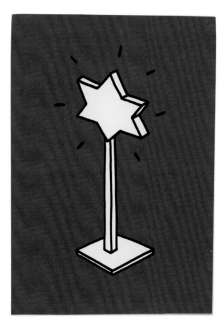

la navidad
en forma de
mobiliario

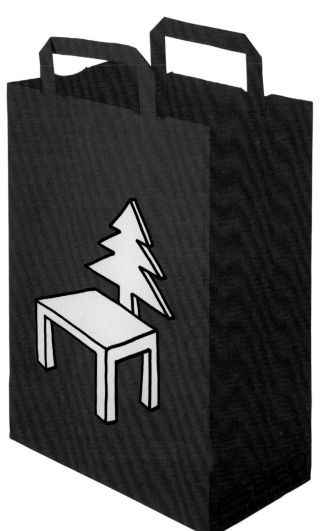

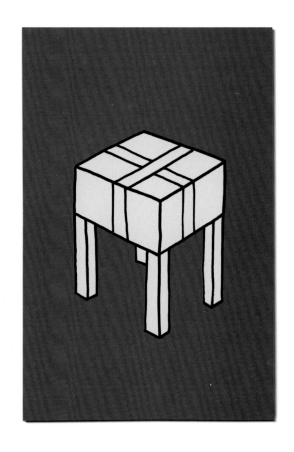

雷达眼：致幻版画调查

为雷达眼（*Radar Eyes*）设计的海报。

雷达眼：致幻版画调查（*Radar Eyes: A Survey of Hallucinogenic Printmaking*）是在纽约长岛 *Fardom* 画廊举办的展览。这个展览展示了50多位艺术家

的实验性作品，唤起改变状态、感觉失真和彻底幻觉。海报体现了展览的初衷，当观众试图越过密集的条纹辨认海报上的文字「*Radar Eyes NYC*」时，会产生眩晕感。

// Client_Lumpen
// Studio_Plural
// Creative Director_Jeremiah Chiu
// Country_USA

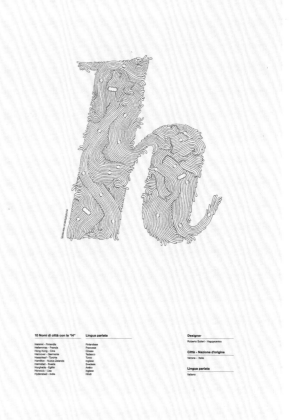

字母海报

这是我们为参加的展览设计的一系列海报。该展览是与 *Scalacolore*（意大利维罗纳的一个设计团体）协作举行的集体项目。这一系列海报是整个字母表的组成部分。

设计概念是：从字母表中选一个字母，在世界上找出 10 个以该字母开头的城市，说出这些地方的语言、你是哪里人以及你的语言是什么？

这是一个旅游概念的研究项目。

// Client_Scalacolore – Design Community
// Studio_Happycentro
// Creative Director/Art Director_Federico Galvani
// Designers_Federico Galvani, Andrea Manzati,
   Roberto Solieri, Giulio Grigollo
// Country_Italy

博物馆迁址通知海报

我们受纺织及布料博物馆委托，替他们传达临时闭馆、重新装修其大楼和重新设计展览厅布局的信息，旨在通知文化机构人员、时尚人士、新闻出版机构，并让他们对此有所期待。博物馆的变化(Muda)是概念及声明。*Muda*在加泰罗尼亚语和西班牙语中是个双关词，有变化和靓装两个意思。*Muda*概念率先为博物馆传达的信息是：博物馆的所有变化以及迁址。所有这一切都在这块软薄的绸布上表达出来。你可以把它作为围巾，同时它也是一张海报，带着这样的软薄绸围巾不仅很靓而且也起到了通知的作用。

// Client_The Textile and Clothing Museum
of Barcelona
// Studio_LaGasulla
// Art Director_Anna Gasulla
// Photographer_Wai Lin Tse
// Country_Spain

第六届 *ADC*
台湾新锐设计师作品展系列海报

// Client_Kun Shan University of Taiwan
// Studio_Ken-tsai Lee Design Studio
// Creative Director/Copywriter_Ken-tsai Lee
// Art Directors/Designers_Ken-tsai Lee, Cheng Chung-Yi
// Illustrator_Robert Lin
// Region_Taiwan
// Link_Identity, P48-51

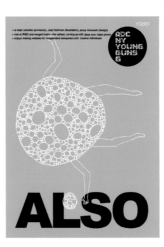

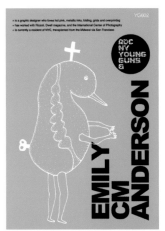

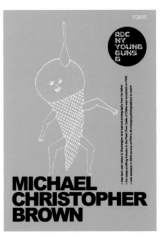

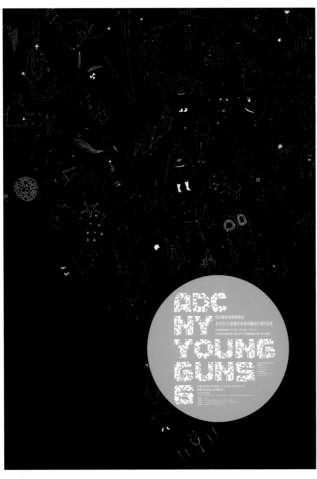

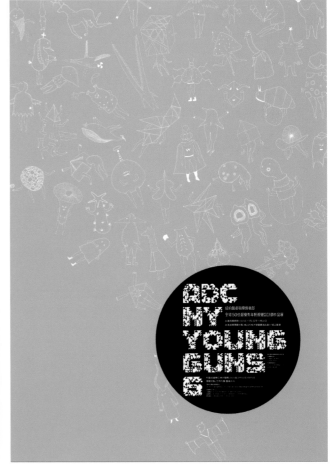

第六届 *ADC*
台湾新锐设计师作品展系列海报

YG606

EGREG BRUNKALLA

RDC NY YOUNG GUNS 6

YG607

RDC NY YOUNG GUNS 6

C-F: CYBU RICHLI – FABIENNE BURRI

YG608

MARTA CERDÀ

RDC NY YOUNG GUNS 6

YG609

RDC NY YOUNG GUNS 6

JOSH COCHRAN

YG610

DAMIEN CORRELL

RDC NY YOUNG GUNS 6

YG611

RDC YOUNG GUNS 6 CTRL

YG612

RDC NY YOUNG GUNS 6

KEETRA DEAN DIXON

YG613

RDC NY YOUNG GUNS 6

ERIC ELMS

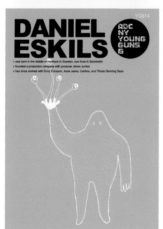

YG614

DANIEL ESKILS

RDC NY YOUNG GUNS 6

YG615

JASON EVANS

RDC NY YOUNG GUNS 6

YG616

NICHOLAS FELTON

RDC NY YOUNG GUNS 6

YG617

NAOKI GA

RDC NY YOUNG GUNS 6

YG618

RDC NY YOUNG GUNS 6

BRIAN MICHAEL GOSSETT

YG619

GRAEME HALL

RDC NY YOUNG GUNS 6

YG620

KRISTIAN HENSON

RDC NY YOUNG GUNS 6

DERICK HOLT

YG621

ADC NY YOUNG GUNS 6

PHILIPP HUBERT

YG622

ADC NY YOUNG GUNS 6

JESSE KACZMAREK

YG623

ADC NY YOUNG GUNS 6

MAX KAPLUN

YG624

ADC NY YOUNG GUNS 6

SHUN KAWAKAMI

YG625

ADC NY YOUNG GUNS 6

MASASHI KAWAMURA

YG626

ADC NY YOUNG GUNS 6

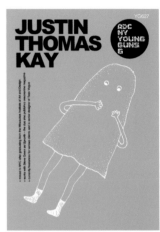

JUSTIN THOMAS KAY

YG627

ADC NY YOUNG GUNS 6

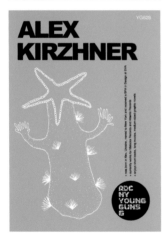

ALEX KIRZHNER

YG628

ADC NY YOUNG GUNS 6

MENNO KLUIN

YG629

ADC NY YOUNG GUNS 6

MARCOS KOTLHA

YG630

ADC NY YOUNG GUNS 6

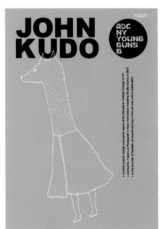

JOHN KUDO

YG631

ADC NY YOUNG GUNS 6

LABOUR

YG632

ADC NY YOUNG GUNS 6

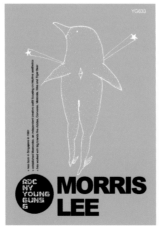

MORRIS LEE

YG633

ADC NY YOUNG GUNS 6

JUSTIN MEREDITH

YG634

ADC NY YOUNG GUNS 6

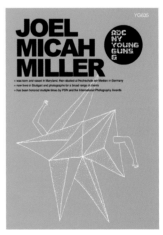

JOEL MICAH MILLER

YG635

ADC NY YOUNG GUNS 6

GARRETT MORIN

CARL NIELSON

ED O'BRIEN

EMILIANO PONZI

MIKE PERRY

PAWEL PIOTR PRZYBYL

YOLANDA SANTOSA

PAUL SCHLACTER

RYAN SCHUDE

ALEX TROCHUT

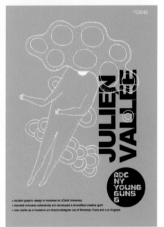

JULIEN VALLEE

EMRE VERYERI

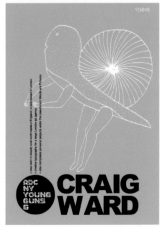

CRAIG WARD

SARAH WILMER

FLORENCIO ZAVALA

工业设计研究生院海报

台湾大学艺术学院委托我为其工业设计研究生院设计系列海报。该项目从2010年开始，是一个博士项目。基于该项目的文化背景，我采用台湾一些传统的物品，如洗脸盆、食品、传统色纸来创造新面貌。

// **Client**_Taiwan University of Arts
// **Studio**_Ken-tsai Lee Design Studio
// **Creative Directors**_Rungati Lin, Ken-tsai Lee
// **Art Director/Copywriter**_Ken-tsai Lee
// **Designers**_Ken-tsai Lee, Pao-Wei Huang
// **Region**_Taiwan

用其他方式做

这是一个自发项目，用于完成基础课程学习。由于是自定项目，我的想法是帮助人们以新方式看待事物。

受传统手工艺的影响，我舍弃电脑，结合纸张、纸板和投影仪完成我的海报作品。结果我发现创作纸板办公室非常有趣，纸和剪刀也同样很好玩。

// Designer/Illustrator_Dmitri Moruz
// Country_Russia

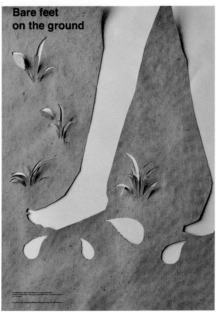

拯救高棉的野生动物

我被邀请参加在柬埔寨的 *Meta House* 举行的 *Global Hybrid* 展览。所有艺术作品都是限量版丝网印海报。这是一个环保运动，目的是帮助促进拯救柬埔寨高棉的野生动物。

// Client_Tom Tor
(Khmer Wildlife Conservation Society, Global Hybrid Exhibition)
// Studio_TomTor Studio™
// Creative Director_TomTor
// Art Director_TomTor
// Copywriter_TomTor
// Designer_TomTor
// Illustrator_TomTor
// Photographer_TomTor
// Country_USA

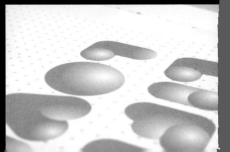

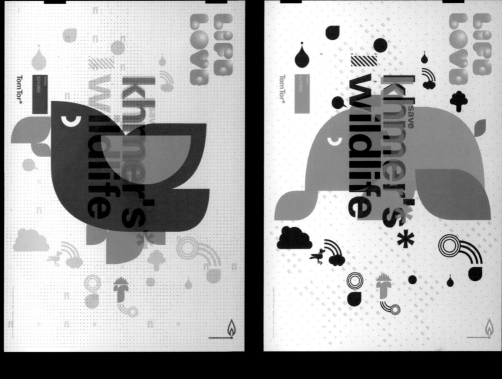

// Client_Teatre del Raval
// Studio_David Torrents
// Creative Director_David Torrents
// Designer_David Torrents
// Photographer_Xavi Padrós
// Country_Spain

Mostra de Teatre de Barcelona

这是为戏剧节设计的海报。在这个戏剧节上，名不见经传的年轻演员和导演得以展示他们的才艺。

我的艺术幻灯片

这是为我的艺术幻灯片（MyASS）活动设计的海报和传单。这张海报和16个不同的传单实际上是同一设计。把海报剪成16块，就得到了16张传单。

// Clients_KOP, Stichting Colin, Villamedia
// Studio_Staynice
// Country_The Netherlands

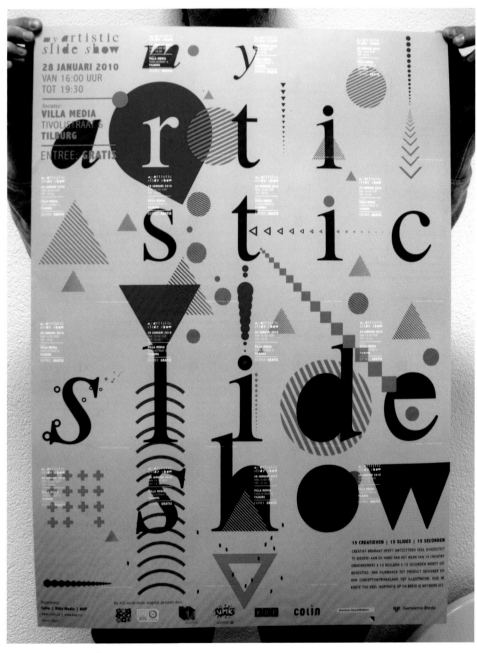

「不要相信文字」展览海报

我们参加了在海牙 Ship Of Fools 画廊举办的「不要相信文字（Don't Believe The Type）」展览。这三张海报以文字的形式反映广告商与消费者之间的沟通应该是：完美、自然、微笑。

// **Studio**_Staynice
// **Country**_The Netherlands

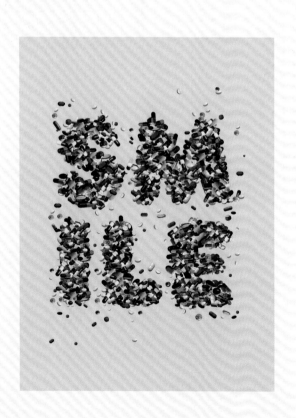

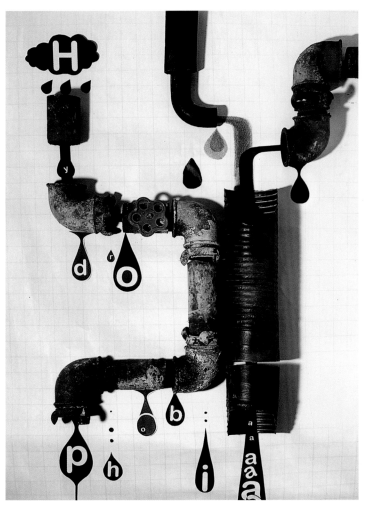

恐惧症

这是一个非常有趣的要求：找出两个以「*phobia*（恐惧症）」为后缀的词，并将其形象化。从词群中挑选出两个这样的词不是一件容易事，我找到的是 *hydrophobia*（恐水症）和 *mechanophobia*（机器恐惧症）。而使其形象化的实物却只有在地下室、车库、旧货摊等地方才能找到。在将 *hydrophobia*（恐水症）形象化时，为了模仿被污染的水，我将生锈的金属管材、纸剪成的水滴、裹扎在水管上用来吸污水的布条等放在纸上，拍成照片。汽车上拆下来的碎零件和一些附属物件如手套、油污，表现出 *mechanophobia*（机器恐惧症）这个词。在现场拍摄时，我添加了一些元素，使这些废品看起来像一张在尖叫的脸——你可能要花点时间才能看到这张脸。

// Designer/Illustrator_Dmitri Moruz
// Country_Russia

Sisamouth字体

// Client_Coustom Made Font
// Studio_TomTor Studio™
// Creative Director_TomTor
// Art Director_TomTor
// Copywriter_TomTor
// Designer_TomTor
// Illustrator_TomTor
// Photographer_TomTor
// Country_USA

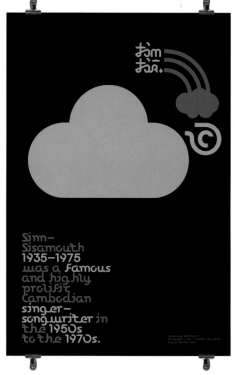

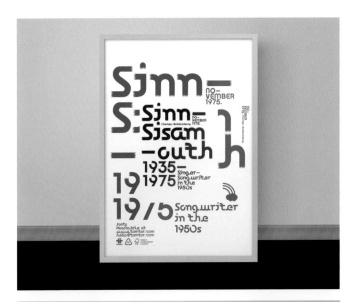

*StreetHeart*展览海报

*StreetHeart*是在纽约举行的展览暨艺术拍卖会，以提高人们对脑外伤的认识。

// Studio_ Staynice
// Country_ The Netherlands

鼻子嘉年华

鼻子嘉年华希望能与人们互动。
嘉年华海报是一张镂空的面具，鼻子能穿出来。如果你愿意，也可以根据喜好装饰它。

// Studio_Anna Pigem
// Designer_Anna Pigem
// Photographer_Elisabet Serra
// Country_Spain

*2009*年纽约艺术指导俱乐部（*ADC*）世界巡展台湾站海报

// Client_Taiwan Normal University

// Studio_Ken-tsai Lee Design Studio

// Creative Director/Art Director/Copywriter/Designer_Ken-tsai Lee

// Region_Taiwan

强迫症（*OCD*）

*OCD*是一个人项目，目的是试图从视觉上解释强迫症。我卧室内所有的物品分门别类地排列在这本*A3*尺寸的书中，有强迫症的人可能会遇到这样的情况。

// Client_Self Initiated
// Creative Director/ Art Director/ Designer/ Copywirter/ Photographer_Ash Spurr
// Country_UK

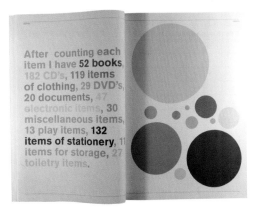

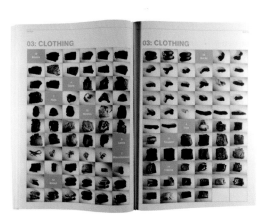

Ton of Holland──当代刺绣

这本书为荷兰艺术家 *Ton* 提供了一种深入理解工作和创造性思维过程的独特机会。他先在亚麻布料上绘画，然后绣花。草图、构思、灵感的来源、背面的绘图和放大的细节都在阐述他的技术。这本 与 *Ton* 一起设计的 *240* 页的书，是艺术与设计的完美结合。

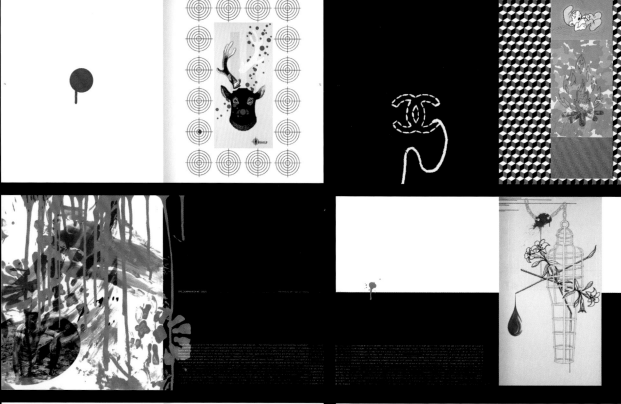

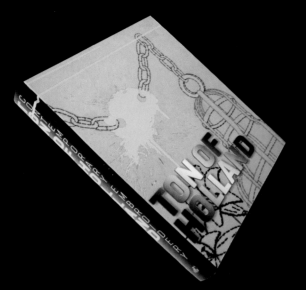

// **Client**_Thiem Art

// **Creative Directors/Art Directors/Designers**_Dennis Koot, Ton Hoogerwerf

// **Copywriters**_Mattias Duyves, Roos van Put

// **Photographer**_Eric de Vries

// **Country**_The Netherlands

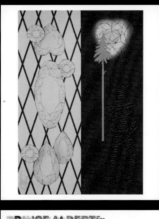

Uitgave THIEME ART, DEVENTER Tekst MATTIAS DUYVES, ROOS VAN PUT Redactie SIBYLLE COSYN, DEVENTER Vertaling UVA TALEN, AMSTERDAM Fotografie ERIC DE VRIES, JOHAN NIEUWENHUIZE, MAURICE NELWAN Concept TON OF HOLLAND & DENNIS KOOT Ontwerp DENNIS KOOT & TON HOOGERWERF Letter Geogrotesque EDUARDO MANSO, EMTYPE.NET

Druk THIEME GRAFIMEDIA GROEP Deze uitgave werd mede mogelijk gemaakt door STROOM / FONDS BEELDENDE KUNST EN VORMGEVING / CATALIJN RAMAKERS / BLACK NEEDLE PRODUCTIONS Special Thanks to TON BUYS, ELS DE BAAN, JURJEN DE HAAN, LENARD WOLTERS, RUDI DERCKS, GALERIE RAMAKERS, MK EXPOSITIERUIMTE, GALERIE RONMANDOS

绘画的真相

《绘画的真相》是为艺术家 *Kamil Kuskowski* 所作，展示他最近几年的作品。整本书采用不同种类的纸（7种不同的原料，涂布纸和色纸），借以隐喻艺术家的绘画技巧。

这本书有4个章节，每章使用不同的色彩和材质。这本书的设计目的是模拟艺术家的绘画技巧，并保持与作品类似的简约风格。

// Client_Galeria Piekary
// Studio_3group
// Art Director/Designer_Ryszard Bienert
// Photographer_Studio Nelec
// Country_Poland

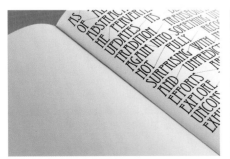

Kuskowski's new project is a peculiar exhibition-installation, realized in Galeria Piekary in Poznań in April 2009, entitled The Truth of Painting. The exhibition's structure is narrative. Kuskowski places three plinths in the middle of the gallery. Each of them holds an art exhibition catalogue from the successive Art Basel Miami Beach exhibitions of 2006 and 2007, and the 38th Art Basel of 2007. Since each catalogue is presented in a transparent wrapper-cabinet, made of Plexiglass, its purpose the ability to be read is suspended, and exchanged for a contemplative and exhibitory value. In other words, the catalogues from the art exhibitions are shown as the objects of art here, as works of art.

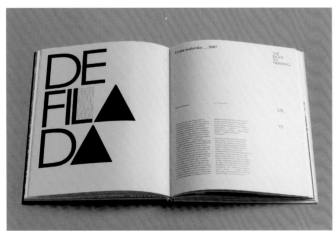

20km/h

20 km/h

这是自行车杂志(20km/h)有关法国之旅的特刊。

// Client_Bike Tech
// Studio_David Torrents
// Art Director_David Torrents
// Designers_David Torrents, Sílvia Miguez
// Country_Spain

Las estaciones se suceden al ritmo de los cambios meteorológicos, o eso creía la humanidad hasta que nació el Tour de Francia. Desde entonces, el verano llega con diez o quince días de retraso, cuando las retransmisiones de la carrera por etapas más emblemática pautan las calurosas sobremesas y las veraniegas siestas de sofá. Entonces nos percatamos que sus imágenes se transforman en nuestra memoria, virándose a blanco y negro, y el esfuerzo de los ciclistas actuales se transmuta en el gesto épico de los grandes héroes de otros tiempos. Desfilan Coppi, Bartali, Anquetil, Bobet, Merckx, Induráin, Armstrong y un largo etcétera de una galería de figuras que, todavía hoy, nutren el imaginario colectivo. El Tour se ha convertido en la epopeya contemporánea, narrada con una escritura propia, textual y audiovisual; un viaje a Ítaca, iniciático, tanto para participantes como para seguidores; una lucha contra los límites humanos. Pero ante todo, ha contagiado en el espectador la emoción de vivir, la adicción al esfuerzo, a la superación, aunque éste se encuentre estirado en un sofá, con los ojos clavados en la pequeña pantalla.

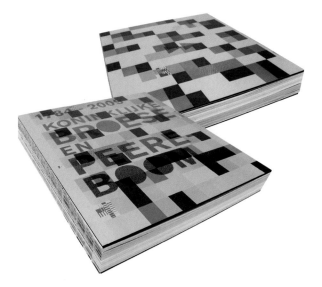

Broese & Peereboom

今年是皇家 *Broese & Peereboom*印刷厂创办 *225*周年。为纪念之用，客户
要求我们设计一套能够展现该厂历史的纪念册和与 *Lambert Hendrikx*合作
设计的域名为 *projectsandbooks.com*的网站。纪念册被设计成网页形式，
你可以翻看任何感兴趣的页面而不需要从头到尾阅读所有内容。其实它不
只是一本书，而是由三本不同的书装订而成。档案夹式的书函象征本书主
题。这本书共 *260*页，胶版印刷，其中几页是数码打印。封面的创意来自
这本书本身的胶版，标题采用丝网印刷。

// **Client**_Royal Broese & Peereboom printers
// **Studio**_Staynice
// **Creative Directors**_Staynice, Projectsandbooks.com
// **Copywriters**_Walter van de Calseyde, Joost Klaverdijk
// **Illustrator**_Staynice
// **Photographers**_Rene Schotanus, Edwin van Schravendijk
// **Country**_The Netherlands

El Que Es Menjava A Casa

这是本精品食谱。与照片相比，插图是一种颇为
含蓄且能有趣地表现烹制菜肴的形式。

// **Client**_Riurau Editors
// **Studio**_David Torrents
// **Creative Director**_David Torrents
// **Designers**_David Torrents, Sílvia Miguez
// **Illustrator**_Pere Ginard
// **Country**_Spain

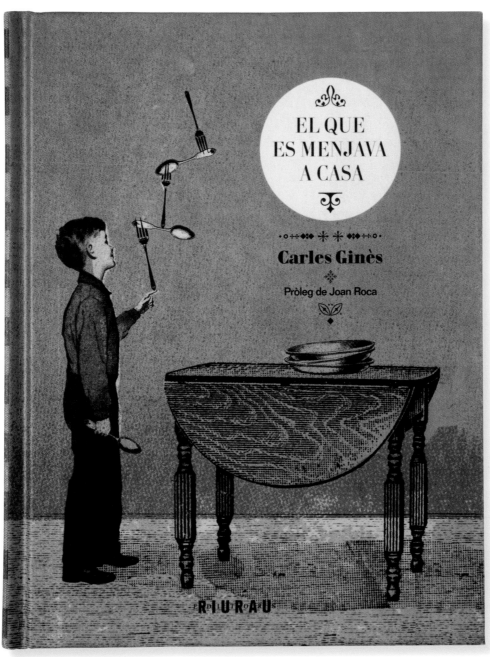

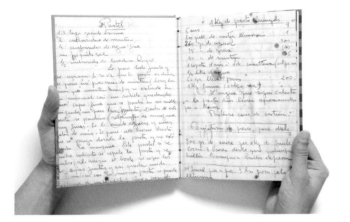

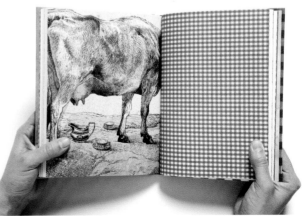

*Edward Fields*宣传目录

这是一家充满传奇色彩的公司,椭圆形办公室里铺著他们自己制造的地毯:*Edward Fields*以制造质量顶尖和设计优美的手工地毯和垫子闻名于世。我们与他们的纽约办事处合作,设计新的目录和网站。

// **Client_**Edward Fields
// **Studio_**Spin
// **Creative Director_**Tony Brook
// **Copywriter_**Jessica Olshen
// **Designer_**Patrick Eley
// **Photographers_**Julius Shulman, Andrew Bordwin,
   Lee Mawdsley, Matthew Mendenhall
// **Country_**UK

MacBeth

这是一本关于导演 *Antoni Pinent*新电影
《麦克白（*MacBeth*）》的书。
这部影片汇编了很多出著名的电影，本
书的设计则模拟摄影过程。

// **Client**_Antoni Pinent and Eddie Saeta
// **Studio**_David Torrents
// **Creative Director**_David Torrents
// **Designers**_David Torrents, Silvia Miguez
// **Country**_Spain

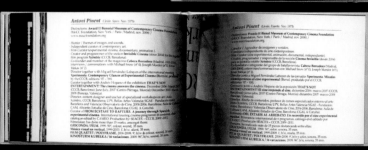

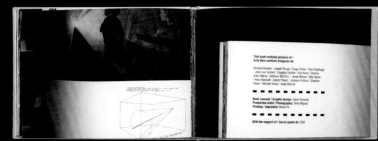

*Haunch of Venison*画廊系列展

*Castellani Flavin Judd Uecker*是一系列展览，该展览为比较艺术家们强烈的个人审美观的相互影响提供了机会。艺术家对新材料、结构、表面肌理、体积和光线都很敏感，反映在画册上，就是金属纸、凸印和醒目的渐变色。1960年代的字体显示出清晰的历史脉络，连接了当下设计与这一系列展览最早的展品。

// **Client**_Haunch of Venison
// **Studio**_Spin
// **Creative Director**_Tony Brook
// **Designer**_Ian Macfarlane
// **Photographer**_Peter Mallett
// **Country**_UK

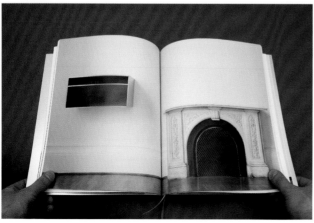

Lezen, Doe Het Maar

这是为「Alfabeter」基金设计的书。本书的内容是已故的 Jos Ruijs 关于有读写障碍的人的论文。他例举了几个案例，并提供如何处理这些问题的方法。书中图形由 Pieter de Graaf 和 Anita Middel 设计，受到阿姆斯特丹公共交通一指示作用的非字母方式的启发。

// Client_Stichting Alfabeter
// Studio_Staynice
// Creative Director_Staynice
// Art Director_Staynice
// Copywriters_Jos Ruijs, Pieter de Graaf, Anita Middel
// Designer_Staynice
// Illustrator_Staynice
// Country_The Netherlands

阈限

这本关于东京街头涂鸦的 *44* 页限量版小册子是我在六本木区
艺术讨论 *#2*（*Arttalking #2*）的演讲的主要内容。

// Client_Nonaca K.K.

// Studio_Ian Lynam Creative Direction & Graphic Design

// Creative Director_Ian Lynam

// Art Director_Ian Lynam

// Copywriter_Ian Lynam

// Designer_Ian Lynam

// Photographer_Ian Lynam

// Country_Japan

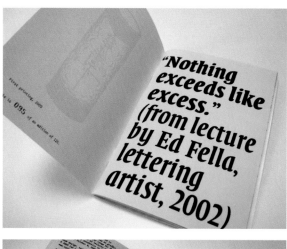

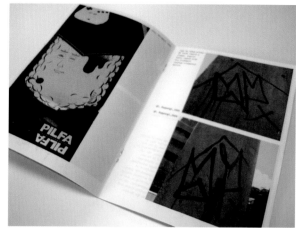

设计？红酒！

巴西籍作家 *Gustavo Piqueira* 和 *Rex* 设计室的 *Marco Aurelio Kato* 共同编著的《设计？红酒！（*Design？Wines！*）》一书，是 *Rex Livros* 出版社出版的 *Design？* 系列图书中第一本。*REX Livros* 是 *Rex* 设计工作室的出版单位。通过具体细分类产品的传统模式，并根据市场实践证明、专家咨询和消费者问答，此书运用了日前正流行的超理性化概念。

首先，从精神层面来说，挑选葡萄酒的乐趣，与我们通常对于酒精饮料而产生的那种老练世故与奇异感的联想相去甚远。

其次，本书语言幽默诙谐，使用行话与旧词，描述乐趣，以及表达参与者包括市场、权威专业设计者与消费者的虚构的观点。

他们是否说同一种语言？消费者如何理解设计者的作品？营销概念是如何通过图形资源被忠实地表现出来？这些或是其他一些至关重要的问题最终都将有明确的解答。这本书将带给你一次愉快的阅读经历，同时提出关于语言是如何改变观念的问题。

// Client_REX

// Studio_REX Design

// Creative Directors_Gustavo Piqueira, Marco Aurélio Kato

// Country_Brazil

Schmidt/Hammer/Lassen建筑年鉴

这是斯堪的纳维亚地区建筑领域最被认可的建筑事务所年鉴。

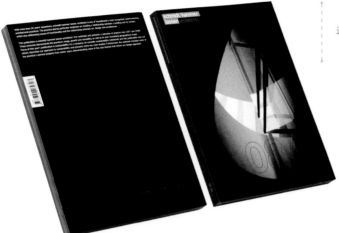

// **Client**_Schmidt/Hammer/Lassen Architects

// **Studio**_Applied Projects

// **Creative Directors**_Rune Høgsberg, Michael Mandrup

// **Art Directors**_Rune Høgsberg, Michael Mandrup

// **Designers**_Rune Høgsberg, Michael Mandrup

// **Illustrators**_Rune Høgsberg, Michael Mandrup

// **Country**_Denmark

Contents

COPPER Rarely explored as an aesthetic for furniture and lighting, copper, which naturally occurs as an uncompounded mineral, was one of the earliest metals worked by man. When used in common objects today, it is often hidden from sight, such as in pipes, computer components or utensils. Its rich and reflective qualities add warmth and elegance to the designer's palate.

BRASS An alloy of copper and zinc, this malleable material can be worked by hand or machined to create bold forms and tactile surfaces. Its warm, golden colour makes it much appreciated in art or decorative design. Brass is reasonably resistant to corrosion and can be treated with a variety of different decorative finishes, such as patination.

CAST METAL These cast iron and aluminium objects are inspired by the materials and processes employed during the Industrial Revolution. They reference the robust components used to build the bridges and engines of the Victorian era through their solid, durable and tactile quality.

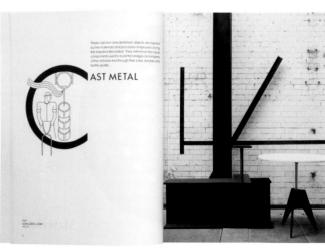

2009年*Tom Dixon*作品集

大多数家具设计师按产品（椅子、桌子、灯等）分类他们的作品，但本图册按照材料来分类（钢铁、铜、黄铜等），因为 *Tom Dixon* 经常用相同的工艺制造不同的产品。

巨大的手绘首字母不仅是本书的特色，还显示出产品背后的各种生产过程与材料。插图灵感来源于 *1920* 年代鲜为人知的德国设计师 *Max Bittrof* 的作品。

// Client_Tom Dixon
// Studio_Mind Design
// Creative Director_Holger Jacobs
// Designer_Johannes Hoehmann
// Illustrator_Rafael Farias
// Photographer_Henry Bourne
// Styling by_Faye Toogood
// Country_UK

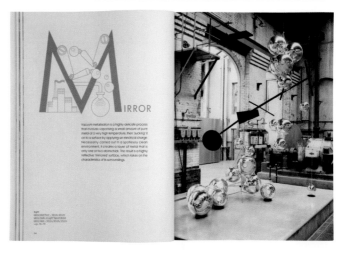

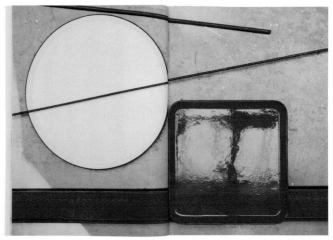

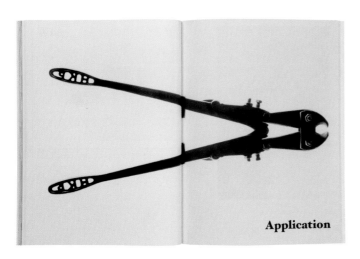

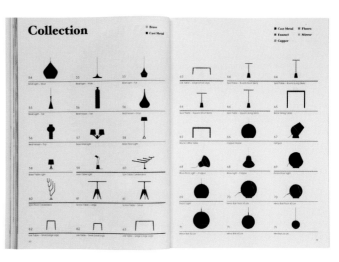

Tom Dixon

这份报纸为宣传米兰家具展每年出版一次。 本设计运用了典型的报纸元素，如巨大标题上的水平分栏，但却排列得相当松散。作品按材料分组（显示在中心版块），这与同期设计的作品集（见前页）如出一辙。

// **Client**_Tom Dixon
// **Studio**_Mind Design
// **Creative Director**_Holger Jacobs
// **Designer**_Andy Lang
// **Photographer**_Henry Bourne
// **Styling by**_Faye Toogood
// **Country**_UK

「*Pairs*」的作品。

// **Client**_La Santa
// **Studio**_TwoPoints.Net
// **Creative Director**_Martin Lorenz
// **Art Director**_Martin Lorenz
// **Copywriter**_Martin Lorenz
// **Designer**_Martin Lorenz
// **Illustrator**_Martin Lorenz
// **Country**_Spain

Neuland——
德国平面设计的未来

《新领域（Neuland）》展示了从未被关注的领域——搜寻将会影响德国平面设计未来的青年才俊。《新领域（Neuland）》提出几个问题并提供答案：关于德国平面设计的预想概念是否正确；德国平面设计是否真的存在？这些问题的答案涉及到对德国设计的一次探究旅程。了解德国本土和移民设计师，及到德国以外的国家旅行，以追寻那些生活在国外的德国设计师的足迹。

对于那些对在德国的学习、讲座、研讨会、书籍和展览感兴趣的设计师，以及对于那些想要了解德国设计历史的个人，《新领域（Neuland）》都提供了有益的指南信息。

// Client_Actar
// Studio_TwoPoints.Net
// Country_Spain

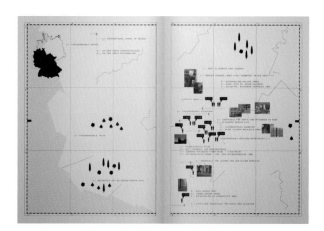

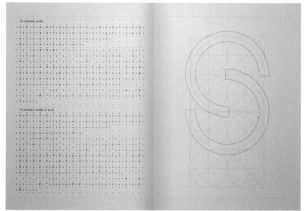

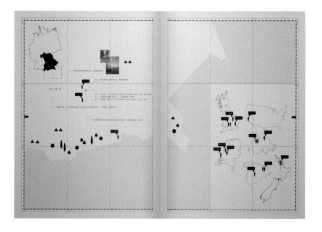

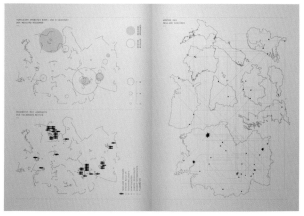

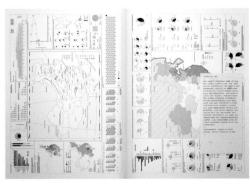

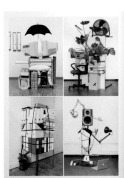

欢迎来到森林岛

艺术家 *Bwana Spoons* 的第一本画册《欢迎来到森林岛 (Welcome to Forest Island)》——一本 *128* 页全彩精装书由我和 *Jasmine Lai* 共同设计，*Top Shelf* 出版。其中包涵多种促销卡。

// Client_Top Shelf Books
// Studio_Ian Lynam Creative Direction & Graphic Design
// Creative Director/Art Director_Ian Lynam
// Copywriter_Ian Lynam
// Designers_Ian Lynam, Jasmine Lai
// Country_Japan

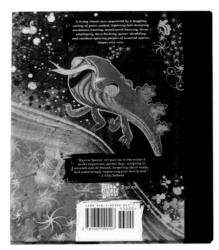

现（当）代艺术指南

这本 146 页的书展示了在芝加哥艺术博览会期间最棒的文化艺术品，以及作为当代艺术中心的芝加哥，反映了展览期间充满活力的创意和不足之处，并赞美所有这一切——白昼与黑夜，内在与外表，老旧与崭新⋯⋯

我们设计了一份指南——包括艺术指导们、论文和采访——关于在芝加哥在这一季发生的所有非凡与隐秘的一切。我们报道在芝加哥艺术研究会、芝加哥当代艺术馆、芝加哥文化中心、*Millenium*公园、*Hyde*公园艺术中心、*Smart*艺术馆、文艺复兴学会、哥伦比亚大学、*Artropolis*、芝加哥建筑基金会、*Version*艺术节与当代摄影博物馆等处发生的艺术事件，以及现代艺术项目、神秘地点和一些私人空间。还包括：提要指南、画廊及空间简介、画廊线路图、观展策略、，无导游旅行、交流和介绍、开幕式和舞会，当然还包括不少甜蜜的惊喜。

// **Client**_Lumpen
// **Creative Directors**_Renata Graw, Jeremiah Chiu
// **Copy Editors**_Mairead Case, Ed Marszewski, Rachel Marszewski
// **Photographers**_Shannon Benine, Renata Graw
// **Contributors**_Daniel Gunn, Albert Stabler, Paul Klein, Shannon Stratton, Duncan MacKenzie
// **Country**_USA

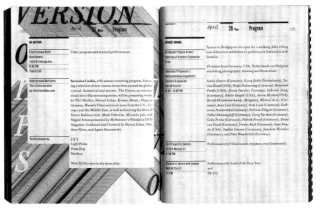

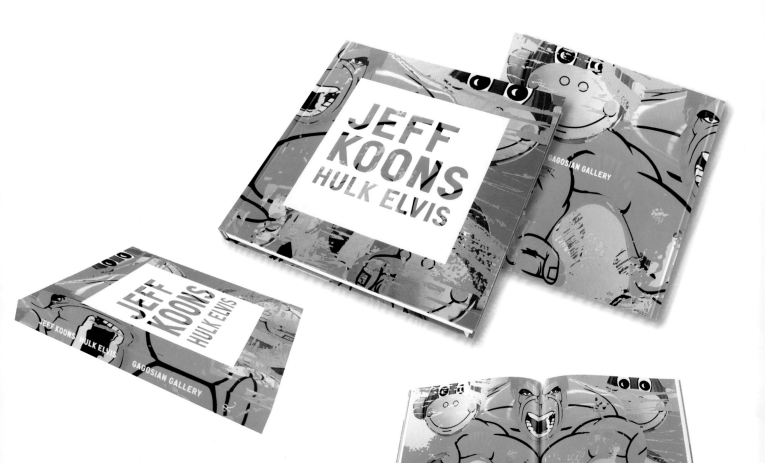

Jeff Koons——绿巨人与猫王

这是 Jeff Koons在伦敦 Gagosian画廊举办的展览「绿巨人与
猫王（Hulk Elvis）」的画册。虽然展览在 2007年的夏季举
办，但是这本书直到 2010年 1月才由 Rizzoli出版。

// Client_Gagosian Gallery/Jeff Koons
// Studio_Base New York
// Artwork_Jeff Koons
// Country_USA

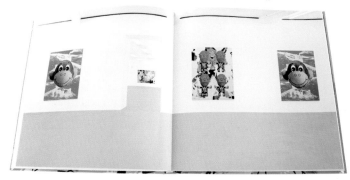

DANSK #22

国际时尚杂志

// **Client**_Style Counsel / Danish Fashion Institute
// **Studio**_Applied Projects
// **Creative Directors**_Uffe Buchard, Kim Grenaa
// **Art Directors**_Rune Høgsberg, Michael Mandrup
// **Designers**_Rune Høgsberg, Michael Mandrup
// **Illustrators**_Rune Høgsberg, Michael Mandrup
// **Country**_Denmark

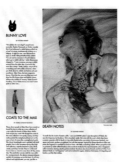

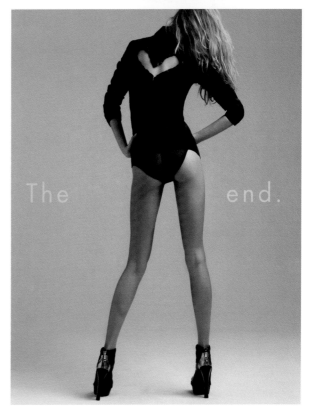

I Book

这本名为「我（I）」的书是关于面对厌食症时，社会大众错误态度的弊病。尽管医学认知的提高和广泛的宣传，厌食症仍然是禁忌的话题，大众的反应也还停留在敌意与无知的层面。这本书的目的不仅在于努力推广这一议题，还希望所有的患者能团结起来；甚至向大众传播更多的相关信息，并启发和教育他们，以及减少患者数量。

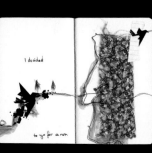

// Client_Anorexia Sufferers
 / The Butterfly Foundation
// Creative Director_Ashlea O'Neill
// Art Director_Ashlea O'Neill
// Copywriter_Ashlea O'Neill
// Designer_Ashlea O'Neill
// Illustrator_Ashlea O'Neill
// Country_Australia

Repeat杂志

这是一项为期三四个月的课堂作业，要求以设计为主题，制作一本灵气逼人的杂志。因为我对图案设计很感兴趣，所以我设想整本杂志只以图案和设计师的图案作品为主。排版过程中，我考虑的首要问题是在整个版式和情境中，如何创造图文结合的韵律感和流畅感。

封面图案灵感来自我的家乡瑞典 *Dalecarlia*的传统纹样，用四色黑印在黑色的丝质纸上。设计师 *Zhishi design* （俄罗斯）、*Jonathan Clugi* （意大利）、*Hanna Werning* （瑞典）和 *Kicki Edgren Nyborg* （瑞典）提供他们的作品并接受采访。

// Client_Westerdals School of Communication
// Designer_Moa K. Nordahl
// Country_Norway

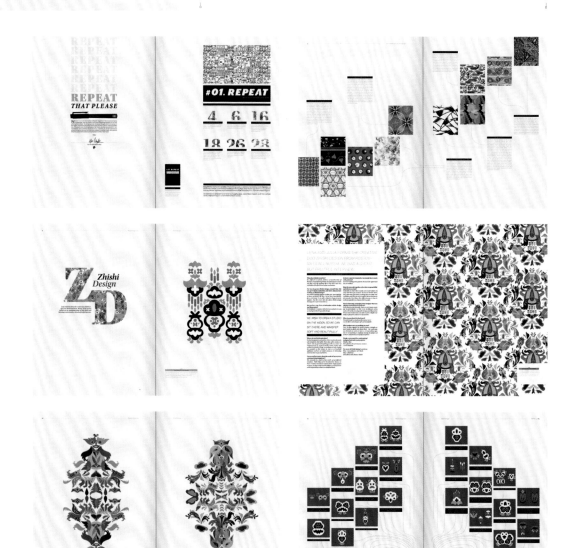

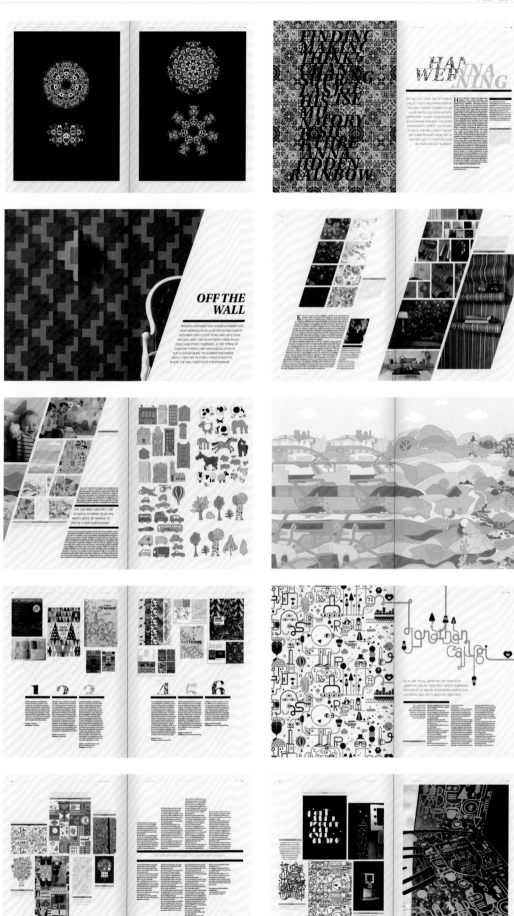

SCHAUSPIELSTUTTGART

斯图加特剧院节目单

作为服务的一部分，*Strichpunkt*每年为斯图加特剧院（*Schauspiel Stuttgart*）设计大约 *20*份节目单，从退色的封面到给节目单以「系列」感。节目单的背面——都是独立设计，却有相同的开头与结尾——是标识，以增强节目单的「系列」感。这使节目单变成独特的收藏项目之一。

// **Client_**Staatstheater Stuttgart, Schauspiel
// **Studio_**Strichpunkt GmbH
// **Creative Director_**Kirsten Dietz
// **Art Director_**Kirsten Dietz
// **Designers_**Kirsten Dietz, Anders Bergesen,
　　Julia Ochsenhirt, Susanne Hoerner
// **Country_**Germany

OSLO FEBRUAR 2009
FASHION Nº 11
WEEK

KR. 99,-
INTERPRESS NORGE

9 771891 006006 11

奥斯陆时装周杂志

// Client_Oslo Fashion Week
// Studio_Snasen
// Creative Director_Robin Snasen Rengård
// Art Director_Robin Snasen Rengård
// Designer_Robin Snasen Rengård
// Illustrator_Robin Snasen Rengård
// Photographers_Joakim Gomnæs, Joachim Norvik,
   Lars Petter Pettersen, Einar Aslaksen, Det tredje øyet,
   Gil Inoue, Dusan Reljin, Robin Snasen Rengård, Nick McLean
// Country_Norway

Miraikan食品博览会

PMKFA为在东京台场区日本科学未来馆举行的「这是一个美味的世界——食品科学」为主题的展览，设计了传单、海报、邀请函、列车广告、墙壁传单，并为其绘制插图。

传单有两种意图，吸引那些对日本科学未来馆感兴趣的广大目标群体和表现食物的多样性及其文化。传单上的插图融合了多种绘画技巧，包括线描、逼真画和照片。我想创造出一种自助餐的氛围——总是有人们爱吃的食物。尽管我自认为整个设计颇为中庸，但，幸运的是，孩子们很喜欢。

// Client_Miraikan National Museum of Emerging Science and Innovation
// Studio_PMKFA
// Country_Japan

Inside Norway

Inside Norway是挪威工业联盟的分支机构,旨在海外销售挪威家具。

StokkeAustad的理念是创造一个抽象的苹果园,因为大多数家具制造厂都位于盛产苹果的西海岸,而木材在家具生产中起著决定作用。这要求我们的设计方案,用花装饰树木,并表现出每位制造商和他们的产品。这个方案必须具有灵活性,因为以后会在东京和纽约举行展览,每次都代表不同的制造商。

创意过程中,制造家具的单纯理念与苹果树的简单副产品——苹果酱之间的联系尤为明显。这项工作包括将图案丝网印制在白手绢上,这样较易于系到苹果树上做花朵,而且来客很可能希望保存这些花朵。他们可以享受涂上苹果酱的新鲜面包——这些苹果酱装在传统的挪威玻璃瓶中——喝著汽泡酒,周围是装满苹果的篮子。

展台的所有表面,都覆盖著印在透明薄膜上的手绢工艺品。

// Client_Inside Norway
// Studio_DesignersJourney
// Creative Directors_Erika Barbieri, Henrik Olssøn
// Art Directors_Erika Barbieri, Henrik Olssøn
// Copywriter_Henrik Olssøn
// Designers_Erika Barbieri, Henrik Olssøn
// Illustrator_Erika Barbieri
// Photographer_Axel Julius Bauer
// Country_Norway

Zoo设计工作室礼品

// Client_Zoo Studio
// Studio_Zoo Studio
// Creative Director_Gerard Calm
// Art Director_Xavier Castells
// Designer_Jordi Vila
// Country_Spain

Cutty Sark威士忌网站

Form工作室决定设计一个抽象拼贴的网站，该网站要具有繁复的外观和感觉。主导航条的纹理和字体取自木板，著名的卡提萨尔克号运茶船 Cutty Sark tea-clipper（该威士忌品牌由此得名）就是用同样的木板建成；或者便条纸，便条纸上记载的故事可以代代流传；或使用画布，艺术家们在画布上创造艺术。Cutty Sark的标准色黄色在网站上随处可见。

// Client_Devilfish / Berry Bros. & Rudd
// Studio_Form
// Creative Director_Matt Cole at Devilfish
// Art Directors_Paul West, Paula Benson
// Designers_Paul West, Joe Wassell Smith, Paula Benson
// Illustrators_ Paul West, Joe Wassell Smith
// Country_UK

第52届格莱美奖——我们都是歌迷

// **Client_**Grammy

// **Studio_**TBWA\Chiat\Day Los Angeles

// **Chief Creative Officer_**Rob Schwartz

// **Executive Creative Director_**Patrick O'Neill

// **Creative Directors_**Bob Rayburn, Patrick Condo

// **Associate Creative Director_**Ed Mun

// **Art Director_**Kirk Williams

// **Copy Writer_**Eric Haugen

// **Country_**USA

// **Link_**Campaign, P18-19

Studio İndex